特色森林植物资源开发与利用丛书

木豆资源深加工利用技术

付玉杰　顾成波　赵春建　张　谡　著

科学出版社

北　京

内 容 简 介

　　木豆是一种木本食用多用途豆类作物。本书从木豆主要活性成分分析检测方法、木豆主要化学成分分离与结构鉴定、木豆主要活性成分含量动态变化规律与高效诱导技术、木豆主要活性成分提取关键技术及木豆资源高效加工利用中试工艺等方面详细介绍了木豆资源深加工利用技术。全书内容系统、技术实用，兼顾了学术性与技术性，对于木豆资源的合理开发利用具有积极的指导作用。

　　本书可供农林、医药、化工等行业的科技工作者参考使用，也可供高等院校林学、植物学及药学等专业师生参考使用。

图书在版编目（CIP）数据

木豆资源深加工利用技术 / 付玉杰等著. —北京：科学出版社，2021.3
（特色森林植物资源开发与利用丛书）
ISBN 978-7-03-066780-9

Ⅰ.①木… Ⅱ.①付… Ⅲ.①木豆－种质资源－资源利用 Ⅳ.①S793.908

中国版本图书馆CIP数据核字(2020)第221040号

责任编辑：马　俊　白　雪/责任校对：严　娜
责任印制：吴兆东/封面设计：无极书装

科 学 出 版 社 出版
北京东黄城根北街16号
邮政编码：100717
http://www.sciencep.com
北京虎彩文化传播有限公司 印刷
科学出版社发行　各地新华书店经销
*
2021年3月第 一 版　开本：720×1000　1/16
2021年3月第一次印刷　印张：12
字数：242 000
定价：128.00元
（如有印装质量问题，我社负责调换）

前　　言

木豆[*Cajanus cajan* (L.) Millsp.]是豆科木豆属一年生或多年生灌木，因其豆荚结于树冠枝梢上，故称木豆。木豆主要在热带和亚热带地区栽培，在印度栽培尤广。在我国，木豆主要分布于海南、云南、广西、贵州、广东等地。木豆为世界第六大食用豆类，是迄今世界上唯一一种食用木本且用途最多的豆类作物，具有重要的食用、药用、生态、观赏及经济价值。

随着人们健康意识的提升，天然药用活性成分在国民健康方面的重要性日益凸显。木豆具有重要的药用价值，可用于治疗创伤、褥疮、痢疾、肝炎、糖尿病、麻疹、黄疸、溃疡、呼吸道感染、生殖系统感染、月经紊乱和股骨头坏死等。

近年来木豆产业在我国发展迅速，尽管民间和医药界十分重视木豆的药用价值与其保健功能的研究，但对木豆天然有效成分的研究尚不系统，为适应木豆产业化发展的需要，付玉杰教授研究团队结合多年科研工作实践，将有关木豆资源精深加工技术方面的研究成果整理成本书。本书主要介绍了木豆主要活性成分（黄酮类及芪类化合物）的分析检测，木豆主要化学成分的分离与结构鉴定，木豆主要活性成分含量的动态变化规律，木豆主要活性成分的高效诱导技术，木豆主要活性成分提取的关键技术，以及木豆资源加工利用的中试工艺。本书的出版有助于促进我国木豆产业的发展，并对相关森林植物资源的开发起到积极的推动作用。

本书是付玉杰教授研究团队多年研究成果的系统总结，付玉杰教授在本书总体设计、章节结构与内容、统稿修订等方面倾注了大量心血，并具体负责第1章、第6章撰写，顾成波博士负责第2章、第3章、第4章撰写，赵春建博士、张谡博士、顾成波博士负责第5章、第7章撰写。感谢博士研究生刘威、孔羽、魏作富，硕士研究生佟美鸿、魏薇等对本书研究内容所做的大量工作。限于作者水平，不足与疏漏之处恳请各位读者批评指正。

作　者

2020年12月

目　　录

第1章 绪 论

1.1 木豆资源概述

1.1.1 木豆的起源与分布

木豆[*Cajanus cajan* (L.) Millsp.]，别名鸽豆、树豆、柳豆、蓉豆、大豆树、观音豆、赤小豆、大木豆、三叶豆、花螺树豆、千年豆等，英文名pigeon pea或red gram。木豆用途广泛，是热带和亚热带地区主要食用豆类作物之一（Jones et al.，2004；李宏清，2002；谷勇等，2000；Fehr and Hadley，1980），根部有清热解毒、止血、止痛和杀虫等作用，而且在多学科新领域包括食品加工、畜牧业饲料、水土保持及林业薪炭林等有广泛的应用。因此，木豆生产产业日益受到重视。木豆属约32种，我国有7种及1变种，引入栽培的1种（李正红等，2005）。

对于木豆的起源，尚存在两种观点：第一种观点认为木豆起源于非洲的安哥拉至尼罗河上游一带，主要依据是在埃及古墓中发现了一粒公元前2400~公元前2200年的木豆种子（郑卓杰，1997）。第二种观点认为木豆起源于印度，目前有足够充分的证据支持第二种观点。首先，20世纪70年代从印度的Bhokardan发现了公元前2世纪的小粒木豆种子残存物；其次，印度有最广泛的近缘野生种分布，目前已发现的32个近缘野生种中，分布于印度的有17个（张建云等，2001；陈迪华等，1985；Kannaiyan et al.，1984）；第三，印度语言学家S. K. Chatterji对木豆最初的梵文名进行详细考证后指出，木豆一词是从印度当地名称Tuvarai而来；第四，印度拥有全世界82%的木豆种质资源和近80%的种植面积。另外，木豆在印度的加工和食用方法很多，也为木豆起源于印度提供了间接证据。因此，木豆起源于印度的观点已被越来越多的学者所接受。木豆原产热带，在马来西亚、印度、西印度群岛、非洲和其他一些热带国家或地区广为种植（宗绪晓和李正红，2003）。马来西亚木豆作为一种新的豆科植物被推广，用来作绿肥或果园覆盖作物，在陡坡地种植可以减少土壤侵蚀，并具有改良土壤的作用。

公元前2000年，在非洲就已有木豆种植。如今，木豆在印度是居于第二位的最重要的豆科植物。目前世界上90多个国家栽培木豆（黄桂英等，2006；浙江农业大学，1990；Nene and Sheila，1990）。亚洲是世界上最大的木豆产区，面积和产量均占世界木豆生产的92%以上，其中印度又是世界上最大的木豆生产国（联合国粮农组织统计资料）。亚洲除印度之外，缅甸、尼泊尔、中国、孟加拉国也有较大面积的木豆生产。非洲是世界上第二大木豆产区，种植面积占世界木豆总种植面积的6.48%，产量占世界总产量的6.88%；在非洲有4个木豆主产国，依次是马拉维、乌干达、坦桑尼亚和肯尼亚。另外，中南美洲有少量的木豆种植面积，主要分布在海地、巴拿马、牙买加、特立尼达和多巴哥、波多黎各及格林纳达，种植面积占世界木豆总种植面积的0.71%，产量占世界总产量的0.81%左右。澳大利亚约有5000hm²的木豆栽培面积。中国木豆栽培较少，主要分布于长江以南的海南、云南、广西、贵州、广东、福建、湖南、四川、江西、浙江、台湾等省区。据估计，2000年以前每年种植面积一直徘徊在3500~4000hm²，总产量约为3000t。1997年开始，针对中国农业生产、水土保持及消费习惯的实际需要，从国际半干旱热带作物研究所有选择地引进木豆改良品种进行推广，到2002年我国木豆种植面积已达到15 000hm²以上。据联合国粮农组织1972年统计，在非洲播种面积达147 000hm²，拉丁美洲50 000hm²，远东地区（亚洲）2390hm²。国外种植木豆除上述目的外，主要用作饲料和蔬菜，或生产罐头，他们认为这是一种营养价值很高的食物、饲料（唐勇等，1999；刘中秋等，1998；冉先德，1993）。在热带发展中国家，木豆是一种大众食品，它嫩绿的籽粒和嫩豆荚可作为蔬菜食用，成熟的种子可用来磨粉，种子可用来做豆汤，随米饭就餐。早在20世纪50年代末和60年代初，我国广东、广西、江西、湖南等地区就先后引种进行过实验。它是一种多用途的豆科植物，除其种子可作食用、饲料和饵料外，其茎、叶还可作肥料、燃料和药用原料。木豆叶片因富含蛋白质（25.2%），也是一种营养价值很高的优质饲料（Milliken，1997）。我国从1983年以来，把木豆列为赣南山地资源综合开发利用的重点课题进行研究，从农业栽培与利用、畜牧业饲料、林业薪炭林、水土保持及食品加工等多学科领域进行了一系列探讨，并且已经取得了显著的成效。在四川盆地、云贵高原及南方丘陵等水土流失严重的紫色土山丘岗地上，种植木豆为郊区提供种子2500kg，推广面积2000多亩[①]。几年来的研究实践证明，木豆是一种很好的饲料资源，其开发利用前景十分广阔（Grover et al.，2002；Duke and Vasquez，1994；Abbiw，1990）。

1.1.2　木豆的生物学特征

木豆属豆科（Leguminosae）蝶形花亚科（Papilionaceae）菜豆族（Phaseoleae）木豆亚族（Cajaninae）木豆属（*Cajanus*），一年生或多年生灌木。木豆根系强大，伴有共生的根瘤菌，以侧根居多。通常位于30~90cm深的土层内，由侧根和木质化程度很高的主根组成。植株形态不同，其根在土里的生长分布也有所不同。高大紧凑的品种，根可深入2m的土层；矮小披散的品种，入土浅而横向分布较广（Morton，1976）。

木豆属豆类，播种120天后可形成根瘤菌，根瘤菌大多分布在30cm表层土内的侧根上。一般木豆根瘤菌每亩每季能固氮3.5~6.0kg。

---

① 1亩≈666.67m²

品种不同的木豆茎分别呈深紫色、紫色、红色及绿色，株高一般高于40cm、低于400cm；大多有纵棱，多分枝，小枝柔弱，有纵沟纹，被灰色柔毛。在相同种植条件下，一般晚熟品种的茎粗和株高均大于早熟品种。木豆茎通常有数条纵棱。木豆主茎上有分枝，可分为一级、二级和三级分枝，由于分枝生长和分布状况不同，可形成不同的株型，有紧凑型、半紧凑型、松散型和披散型4种（向锦等，2003；钟小荣，2001；袁浩，1984）。

木豆第1对真叶为对生单叶，其余叶为羽状三出复叶，互生，叶柄表层有短茸毛，与小叶连接处略微膨大，复叶基部有1对小托叶，为披针形或长椭圆形。花期植株中部三出复叶上的中间小叶形状有披针形、窄菱形、阔菱形和心形4种。木豆叶带有清香气味，叶背密被灰白色微小绒毛，背部叶脉突起，叶面绿色，柔软无光滑感（Anonymous，1998；Quisumbing，1978）。

总状花序，长3~7cm；总花梗长2~4cm；边缘有齿，着生3~10朵花。花冠多为黄色（黄色变种），也有紫色纹（紫纹变种）。花数朵生于花序顶部或近顶部；苞片卵状椭圆形；花萼钟状，长7mm，裂片三角形或披针形，花序、总花梗、苞片、花萼均被灰黄色短柔毛；有的品种分枝顶生花序，形成有限生长；更多的木豆品种分枝侧生花序，顶端生长点形成无限花序。花冠黄色，长约为花萼的3倍，旗瓣近圆形，背面有紫褐色纵线纹，基部有附属体及内弯的耳，翼瓣微倒卵形，有短耳，龙骨瓣先端钝，微内弯；雄蕊（9+1）二组；子房被毛，有胚珠数颗，花柱长，线状，无毛，柱头头状。木豆以闭花授粉、自花受精为主，但异交率高，主要通过昆虫传粉进行异交（Rao et al.，2002，2003；Anonymous，2002；Tara，1998）。

木豆生长期间花量很大，但成荚率低，约12%。单个花序最终只有1~5个荚可成熟，很少达到10个荚全部成熟。豆荚有长椭圆形、柱形、镰刀形等，长2.0~10.0cm，宽0.4~1.7cm。荚色有深紫色、紫色、红色、绿色和绿底紫斑混合色等，荚表面有蜡质，密被黄色短柔毛。每荚含2~9粒种子不等，多数品种为3~4粒，干籽粒百粒重可达22.4g，种子间有明显凹入的斜横槽。籽粒形状有扁圆形、卵圆形、椭圆形、长椭圆形和方形，以卵圆形居多。籽粒底色有白色、奶黄色、黄色、浅褐色、浅灰色、灰色、紫色、深紫色和黑色等不同颜色，部分品种有不同于底色的斑点、斑块或条纹等点缀。成熟后的种子呈黄色，经晒干或储藏后，变成棕褐色或红褐色。种子与荚壳易分离，脱粒容易。成熟后应分批采收，如遇雨天多湿气候极易变黑，造成种子霉烂，失去发芽力。种子在12~14℃开始发芽，随气温增高，发芽加快。在适宜温度下，种子吸足水分后，4天发芽率可达90%以上，木豆生长最适温度为20~28℃，35~39℃时生长减缓。每年3~5月均可播种，最佳播种期为3月下旬至4月上旬。如不收种，也可秋播，其地上部植株仍有相当生长量，可套播在果茶园中并埋入土中当有机肥料施用（Joshi and Saxena，2002）。

木豆前期生长慢，后期生长迅速。它生命力强，具有生长快、耐旱、耐寒、耐瘠及耐寒的特点。木豆是短日性或中日性植物，较喜温，生长温度10~35℃，最适温度11~29℃，光照越短，越能促进花芽分化，提早开花成熟。在选择引种和示范点时应考虑此特点。由于其属多年生越冬植物，要尽量避免越冬时遭受冻害，所以木豆对温度要求较为严格。最好选择在月均温不低于5℃的地区种植；温度低于-5℃时，木豆种植则会受到冻害。较耐干旱，在年降水量仅为380mm的地区也能正常生长。木豆对土壤要求不严，能适应各种类型的土壤，如砂土、壤土、石砾土，适宜土壤pH在5~7。耐盐碱性较好，许多品种能在盐渍土中正常生长。目前新培育的一些相对矮化和生育期较短的品种，可在南北纬45°的范围内栽培，一般为一年生，冬季在没有严重冰雪的情况下，可越年生或多年生。冬天一般叶片凋落，在暖冬年份，除老叶脱落外，也可残留上部幼叶越冬（Thombre et al., 2000）。次年在主干和枝条上又萌发出幼芽，生长成新的枝梢嫩叶，在种过木豆的土地土，如环境适宜，冬季又无大雪，往往次年又可生长出良好的木豆植株来，这是因为掉落在地上的木豆种子萌发所致。在这种气候条件下，即使先年收种秸秆留废的木豆，次年也可重新萌发出新的植株，其长势与当年种植的几乎没有差别（Vashishtha, 2003；郑卓杰，1997）。这是它相当可贵的特性。当年种植的木豆，一般在9月下旬开花结荚，10月下旬开始成熟。百粒重10~12g，每斤①种子5000粒左右。单株产种量视生长的好坏差异很大，一般为200~500g，高的在80g以上。越年生或多年生木豆，一年可开花结荚2次：第一次4月下旬现蕾开花，5月上旬结荚，5月下旬至6月上旬成熟；第二次8月中下旬开花结荚，9月下旬至10月上旬逐渐成熟。木豆一年可杀青2次：第一次在7月下旬，可作晚稻基肥；第二次以10月下旬为宜，可作果茶园有机肥源，埋入土中，每亩加施石灰30~50斤，以中和酸性，促进有机质分解。如需留种，只在7月下旬杀青一次，当年仍可正常开花结荚，收获种子（康智明等，2017；宗绪晓和李正红，2003）。

1.1.3　木豆的分类学特征

木豆属豆科蝶形花亚科菜豆族木豆亚族木豆属。木豆为落叶灌木，多分枝，茎粗大至3cm，小枝有明显纵棱，被灰色短柔毛，嫩枝五棱状，被短毛而呈灰白色，棱间槽沟状深绿色，老枝无毛，棱不明显。叶互生，三出复叶，小叶与叶柄连接处略膨大，密被微毛，偶见柔软尖状托叶2枚。叶披针形至长椭圆形，叶基楔形，叶端渐尖。叶背被灰白色微毛，具不明显腺点，气清香。背脉突起。叶面绿色无光泽，柔软无光滑感。花腋生，总状花序，蝶形花黄色，花梗被微毛，花萼钟状，不等五裂，花左右对称，旗瓣蝶形，顶端微凹。基部有附属体，可见纵向脉络，翼瓣2枚，月刀状，对称，龙骨瓣向内弯曲，仅上背部连合，雄蕊10枚，花柱顶端平截，子房

①　1斤=500g

上位，花期5~7月。荚果刀状，顶端渐尖延成长喙状，宿萼留存，干后深褐色，果柄基部膨大成节状，顶端联结宿萼成托盘状，果皮密被白色短柔毛，种子间果皮斜状绕缩成沟状，与荚果连接边缘呈深绿色，果成熟期不一，种子3~6粒。种子略扁，类圆形，长0.6~0.8cm，宽0.5~0.7cm，新株肥大如黄豆，种皮黄褐色至红棕色，种脐白色，中纵向内凹陷成沟状，一端与种皮连接处往往有一深棕褐色的斑点，子叶2枚，肥大（Li，2001；Yang et al.，2001b；Zhou et al.，2001；Nene and Sheila，1990）。

在木豆属中，现已发现了32个种，有7个种分布于中国，而其中6个是野生种。木豆是唯一的一个栽培种，在木豆种内，已确定了2个亚种：一个是黄花变种（*Cajanus cajan* var. *flavus*），旗瓣两面黄色，植株较矮小，一年生，早熟，豆荚多为浅绿色，每荚种子2~3粒；另一个是紫纹变种（*Cajanus cajan* var. *bicolor*），旗瓣正面黄色，背面带紫红色条纹，植株较高，多年生灌木，豆荚有毛，每荚种子4~7粒，籽粒较大，有多种颜色并常有褐色斑点，一般次年2月至3月才成熟（Yang et al.，2001a；Zong，2001；Van der Maesen et al.，1986）。

当前普遍栽种的木豆品种共8种，分别为广西品种、湖南品种、非洲品种、缅甸品种、印度本地品种（ICP6997）、ICPH8、ICPL187091、ICPL87119，这些木豆品种的生理、生化及形态特征的综合评价如表1-1所示。

表1-1 木豆不同品种的主要生物学性状

生物学性状	广西品种	湖南品种	非洲品种	缅甸品种	印度本地品种（ICP6997）	ICPH8	ICPL187091	ICPL87119
生育期/天	220~240	200~220	220~240	260~280	220~240	170~190	160~180	270~290
熟期类型	中晚	中晚	中晚	晚	中晚	中	中	晚
花色	黄色	黄色	外红内黄	外红内黄	黄色	黄色	外红内黄	黄色
叶形	椭圆形	披针形	倒心形	椭圆形	椭圆形	椭圆形	倒心形	椭圆形
叶长/cm	10.64	10.80	10.53	9.81	10.04	9.13	11.24	8.60
叶宽/cm	3.65	3.58	4.28	3.84	3.78	3.50	4.67	3.70
叶厚/mm	0.29	0.296	0.31	0.31	0.31	0.21	0.31	0.27
叶柄长/cm	5.01	5.85	5.29	5.94	4.73	4.15	5.13	4.56
结荚习性	无限	无限	无限	无限	无限	无限	有限	无限
荚熟色	紫黑色	紫红花纹	浅黄间有紫褐花纹	紫黑间有黄色花纹	黄褐间有少量紫纹	浅黄间有少量紫纹	褐色	黄绿间有紫色花纹
株型	半松散	松散	半松散	半松散	松散	松散	紧凑	半松散
株高/cm	269.5	267.5	285.0	318.5	310.7	245.0	216.9	312.0
第一次分枝数	11.8	11.6	14.2	12.5	14.7	15.5	9.4	12.6

续表

生物学性状	广西品种	湖南品种	非洲品种	缅甸品种	印度本地品种（ICP6997）	ICPH8	ICPL187091	ICPL87119
茎粗/cm	10.68	12.47	10.08	12.37	12.56	10.83	10.92	10.74
粒形	扁椭	圆	扁圆	扁圆	扁圆	扁圆	圆	扁圆
种皮色	棕褐	紫黑	黄褐	黄褐	褐色	棕红	乳白	红褐
脐色	浅黄绿	浅黄绿	青绿	浅黄	浅黄绿	浅黄绿	浅黄绿	浅黄绿
荚长/cm	6.52	7.53	7.52	8.42	5.45	5.50	8.78	5.62
荚宽/cm	0.88	0.92	0.73	1.09	0.74	0.85	1.19	0.87
每荚粒数	5.1 (4~6)	5.6 (5~6)	5.4 (5~6)	5.2 (4~6)	4.6 (4~5)	4.1 (3~5)	6.4 (5~8)	3.8 (3~4)
粒长/cm	0.58	0.64	0.59	0.68	0.59	0.55	0.64	0.56
粒宽/cm	0.58	0.57	0.59	0.69	0.54	0.70	0.64	0.58
粒厚/cm	0.45	0.45	0.46	0.52	0.41	0.45	0.49	0.44
百粒重/g	9.08	10.71	12.92	16.76	9.44	12.12	13.69	11.05
粒大小	小	中小	中小	中	小	中小	中小	中小
萌芽速度	慢，不整齐	慢，不整齐	快，整齐	较快，整齐	较慢，整齐度中等	较快，整齐度中等	快，整齐	较快，整齐
萌芽率/%	45.4	25	77.8	73.6	54.6	60.7	73.9	71.2
抗虫性	较抗豆象	易感豆象	较抗豆象	易感豆象	较抗豆象	较抗豆象	较抗豆象	较抗豆象

广西品种：生育期230天左右，中晚熟种，3月底播种，9月下旬开花，11月下旬成熟。株高250~280cm，第一次分枝数9~13个，枝叶茂盛，株型半松散直立，荚长6.0~7.0cm。荚紫黑色，棕褐粒，小粒，百粒重9.08g。该品种抗病，但蛋白质含量较低，非常适宜作饲料、水土保持、生态保护、薪炭林等用途。

湖南品种（黑木豆）：生育期210天左右，中晚熟种，3月底播种，9月中旬开花，11月上旬成熟。株高250~280cm，第一次分枝数8~14个，枝叶茂盛，株型松散直立，荚长7.0~8.2cm。荚紫红色，紫黑粒，中小粒，百粒重10.71g。该品种抗病虫性较差，特别是种子储藏时豆象危害严重，品质中等，不宜大面积推广种植。

非洲品种：生育期230天左右，中晚熟种，3月底播种，9月下旬开花，11月下旬成熟。株高275~310cm，第一次分枝数13~17个，枝叶茂盛，株型半松散直立，荚长7.0~8.5cm。荚混合色，黄褐粒，中小粒，百粒重12.92g。该品种抗病虫性好，品质中上等，适宜作饲料、水土保持、生态保护、粮食及薪炭林等用途。

缅甸品种：生育期270天左右，晚熟种，3月底播种，10月中旬开花，12月下旬成熟。株高310~330cm，第一次分枝数9~15个，枝叶茂盛，株型半松散直立，荚长

7.7~9.2cm。荚混合色，黄褐粒，中粒，百粒重16.76g。该品种抗病性较好，储藏种子易感豆象，品质较好，适宜作蔬菜、饲料、水土保持、生态保护、粮食及薪炭林等用途。

印度本地品种（ICP6997）：生育期230天左右，中晚熟种，3月底播种，9月下旬开花，11月下旬成熟。株高295~330cm，第一次分枝数13~16个，枝叶茂盛，株型松散直立，荚长5.2~5.7cm。荚黄褐间有少量紫纹，褐色粒，小粒，百粒重9.44g。该品种抗病性较好，较抗豆象，适宜作饲料、水土保持、生态保护、薪炭林等用途，不宜大面积推广种植。

ICPH8：生育期180天左右，中熟种，3月底播种，7月下旬开花，9月下旬成熟，成熟期较一致。株高230~260cm，第一次分枝数13~19个，株型松散直立，荚长5.0~5.7cm。荚浅黄间有少量紫纹，棕红色粒，中小粒，百粒重12.12g。该品种抗病性较好，适宜作蔬菜、粮食和饲料等用途。

ICPL87091：生育期170天左右，中熟种，3月底播种，7月上旬开花，9月上旬成熟，开花结荚成熟期较一致。株高190~230cm，第一次分枝数7~13个，株型紧凑直立，荚长7.5~10.6cm。荚褐色，乳白色粒，中小粒，百粒重13.69g。该品种抗病虫性较好，蛋白质含量高，非常适宜作蔬菜和粮食用，是一个优良的品种，可扩大种植。

ICPL87119：生育期280天左右，晚熟种，3月底播种，10月上旬开花，12月成熟，成熟期不一致。株高300~330cm，第一次分枝数10~15个，枝叶茂盛，株型半松散直立，荚长5.0~6.0cm。荚混合色，红褐色粒，中小粒，百粒重11.05g。该品种抗病虫性较好，适宜作饲料、水土保持、生态保护、粮食及薪炭林等用途，可适当推广种植（Pundir and Singh，1985a，1985b，1985c；Ready，1981）。

1.1.4 木豆的生态学特征

木豆为多年生常绿灌木，其抗逆性强，具有喜光、喜温、耐瘠、耐旱、粗生易长、耐粗放管理等优点。属短日性植物，早熟和晚熟品种的临界光周期分别是14.8h和11.6h，若日照长度超过临界光周期，会延迟开花。木豆较喜温、不耐冻，种子在9~13℃开始发芽，发芽时子叶不出土，1~19℃为最适生长温度；若土壤肥沃、水分适宜，在35℃也能生长好；但温度低于-5℃时，因其对霜冻敏感，会受冻害。所以应选择周年无霜区域种植。木豆耐旱不耐涝，适宜在年降水量为600~1000mm的环境下生长，出苗后在十分干旱的情况下（年降水量只有380mm）也可以正常生长；但如果田间积水超过48h，易造成木豆成片死亡，因此种植地区需有较好的排灌条件和土壤渗透性。木豆对种植的土壤要求不高，除易涝的黏土外，砂土、壤土、石砾土均能种植（郑菲艳等，2016）。木豆耐瘠，作为豆科作物，木豆能与根瘤菌共生，可固氮培肥地力，而且对土壤酸碱度有较强的适应性，土壤pH在5~7都可以种植，但以排水良好的偏酸性土壤最为适宜。木豆耐盐性不及瓜尔豆、豇豆、大豆、黑吉豆等，但强于绿豆，应避免在强盐碱化的滩涂地上种植（Samal et al.，2001）。

1.2　木豆的化学成分

国内外学者对木豆的化学成分进行了一些研究，中国医学科学院药用植物研究所研究了木豆叶的抗菌消炎成分，得出11种结晶成分，鉴定为牡荆苷（vitexin）、水杨酸（salicylic acid）、三十一烷（hentriacontane）、2-羧基-3-羟基-4-异戊烯基-5-甲氧基芪（2-carboxyl-3-hydroxy-4-isoprenyl-5-methoxystilbene）、虫漆蜡醇（lacerol）、木豆素A（longistyline A）、球松素（pinostrobin）、β-谷固醇（β-sitosterol）、木豆素C（longistyline C）、柚皮素-4',7-二甲醚（naringenin-4', 7-dimethyl ether）及β-香树脂醇（β-amyrin）。林励等（1999）以抑菌实验指导木豆活性成分的提取分离，从海南产木豆叶提取物的乙酸乙酯部分分离和鉴定了6种化合物，分别为牡荆苷、异牡荆苷（isovitexin）、芹菜素（apigenin）、木犀草素（luteolin）、柚皮素-4',7-二甲醚和β-谷固醇。Duker-Eshun等（2004）以抗寄生虫活性为指导，从木豆根和叶的提取物中分离鉴定了8种化合物，分别为白桦脂酸（betulinic acid）、鹰嘴豆芽素A（biochanin A）、cajanol、染料木素（genistein）、2'-羟基染料木素（2'-hydroxygenistein）、木豆素A（longistyline A）、木豆素C（longistyline C）和球松素（pinostrobin）。Green等（2003）从木豆豆荚皮中分离得到4种化合物，鉴定为异槲皮苷（isoquercetin）、槲皮素（quercetin）、槲皮素-3-甲酯（quercetin-3-methyl ether）和3-羟基-4-异戊烯基-5-甲氧基芪-2-羧酸（3-hydroxy-4-isoprenyl-5-methoxystilbene-2-carboxylic acid）。Marley和Hillocks（1996）报道从木豆中分离出6种化合物，分别为芒柄花素（formonetin）、染料木素（genistein）、羟基染料木素（hydroxygenistein）、cajanin、cajanine和cajanol。从以上报道可以看出，木豆中化合物的报道主要集中在黄酮类和芪类化合物，这两类化合物被认为是木豆中的主要活性成分（Ready and De，1983；Iadiansky，1980）。

1.2.1　黄酮类化合物

黄酮类化合物（flavonoids）是一类存在于自然界的、具有2-苯基色原酮（2-phenylchromone）结构的化合物。它们分子中有一个酮羰基，第一位上的氧原子具碱性，能与强酸成盐，其羟基衍生物多具黄色，故又称黄碱素或黄酮。黄酮类化合物在植物体内通常与糖结合成苷类，小部分以游离态（苷元）形式存在。绝大多数植物体内都含有黄酮类化合物，它在植物的生长、发育、开花、结果及抗菌防病等方面起着重要的作用。黄酮类化合物在植物体内的形成是由葡萄糖分别经过莽草酸途径和乙酸-丙二酸途径生成羟基肉桂酸和三个分子的乙酸，然后合成查耳酮，再衍变为各类黄酮类化合物（Soufiactranien et al.，2003；Ratnaparkhe et al.，1995；Kollipara et al.，1994）。

陈迪华等（1985）对木豆叶95%乙醇提取物进行了分离，得到了11种结晶成分，其中黄酮类成分3个，分别鉴定为牡荆苷、球松素和柚皮素-4′,7-二甲醚。林励等（1999）对木豆叶95%乙醇提取物中抑菌活性最强的乙酸乙酯回流提取部分进行细分，发现了6种黄酮类化合物，分别为牡荆苷、异牡荆苷、芹菜素、木犀草素、柚皮素-4′,7-二甲醚和一个未知黄酮二糖苷。

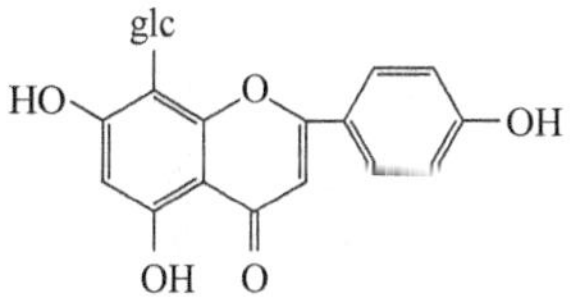

牡荆苷

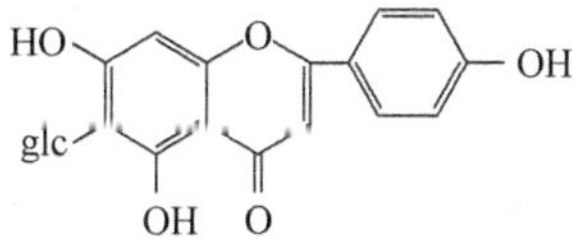

异牡荆苷

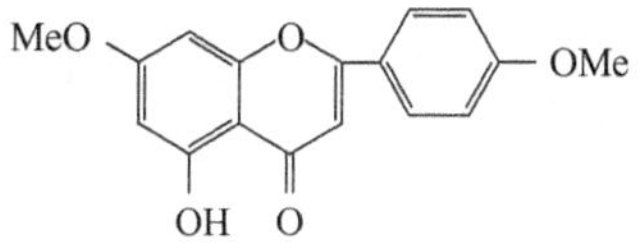

柚皮素-4′, 7-二甲醚

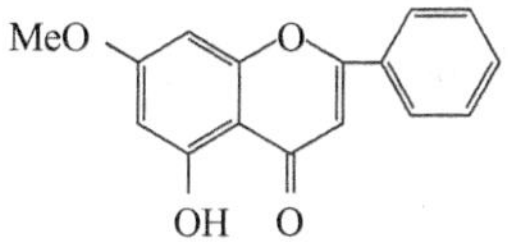

球松素

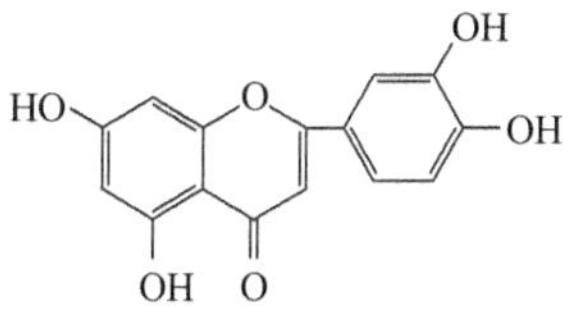

木犀草素

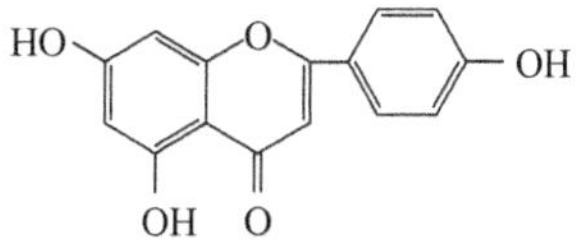

芹菜素

1.2.2 芪类化合物

芪类化合物（stilbenes）是具有二苯乙烯母核或其聚合物的一类物质的总称。芪类化合物主要分布在种子植物中，目前尚未在蕨类、苔藓及菌类中分离出此类物质，芪类主要分布在豆科（13属）、桑科（6属）、龙脑香科（4属）、葡萄科（4属）、松科（2属）、蓼科（2属）等24个科中。它们多含于植物的木质部中，对于保护心材有重要作用；在植物中，芪类化合物既是组成型又是可诱导型的防御分子；芪类有弱的抗菌性，但对真菌的孢子萌发和菌丝生长却有明显的抑制作用；某些芪类化合物对昆虫和其他生物有毒性，可以作为哺乳动物的阻食剂；昆虫侵袭可以诱导产生芪类化合物（Yang et al.，2006；Takahashi et al.，2000；林励等，1999）。在结构上，芪类化合物可分为简单芪类和聚合芪类。简单芪类含有1个二苯乙烯母核，主要包含异戊二烯基和羟基或甲氧基等取代基；聚合芪类包括芪与芪的聚合、芪与黄烷醇缩合而成的鞣质或苯并呋喃型芪，芪类化合物在室温下多为无色或浅红色固体，熔点为150~300℃，在紫外光下有很强的蓝荧光，易溶于乙醇、丙酮、氯仿、苯、乙酸等有机溶剂，在水中溶解度较小。芪类化合物对真菌、细菌、昆虫等都有毒性，其抗真菌活性主要表现为对菌丝生长或孢子萌发的抑制（程誌青等，1992）。芪的自由羟基基团与其抑菌活性密切相关，因为羟基基团可以作为酶蛋白的结合位点，也可作为解偶联剂。芪类分子的大小及几何构型与其和酶蛋白的结合能力有关，因此构型差异导致芪类分子抑菌活性不同，只有特定形状的芪类分子在构型上与敏感真菌菌株的受体位点相吻合才能起到抑菌作用。芪类化合物除了已知的抗真菌作用外，近年又发现一些芪类化合物有降血脂、降血压、扩张毛细血管、改善微循环、抑制血小板聚集和抗肿瘤等作用。芪类化合物是一类具有开发价值的天然成分，随着药理学家和天然产物化学家对芪类化合物药理活性重视程度的加深，这类化合物的活性研究将更为深入透彻（吕福基等，1995；Nene and Sheila，1990；Singh et al.，1984）。

木豆素是从木豆叶中提取的单体芪类化合物。下面是已发现的3个木豆芪类化合物。

木豆素　　　　　　　　　　木豆素A　　　　　　　　　　木豆素C

1.2.3　糖类及蛋白质

多糖类：即糖的多聚体，是细胞壁的主要成分，构成了细胞主要的结构框架。多糖是糖分子在不同部位共价连接成的长链，有的糖分子还有不同长度的侧链修饰。目前，对于木豆多糖的含量、组成和结构等方面的研究还很有限。有报道称，木豆多糖由鼠李糖、阿拉伯糖、木糖、甘露糖、半乳糖、葡萄糖和糖醛酸组成，其主要成分为葡萄糖（张建云等，2001；Hulse，1975）。

凝集素：和其他豆科植物一样，木豆种子含有丰富的凝集素，凝集素是具有糖专一性、可促使血细胞凝集的蛋白质或糖蛋白（李正红等，2001）。桃蚜是危害木豆的主要害虫之一，木豆凝集素可用于抑制桃蚜。不同品种的木豆，其凝集素对蚜虫的抗拒性不同。前人的研究表明，植物凝集素在植物保护方面还有抑菌作用；豆科植物凝集素可能在根系结瘤固氮过程中与根瘤菌识别有关。这些都是木豆凝集素研究在农业应用中十分有价值的方面，值得继续深入研究（Grover et al.，2002；Milliken，1997；冉先德，1993）。

1.2.4　挥发油成分

程誌青等（1992）用水蒸气蒸馏法从木豆的叶和嫩枝中提出挥发油，并用交联毛细管柱气相色谱/质谱/计算机（GC/MS/MSD）联用技术测定木豆精油的化学成分，从中鉴定出23种化合物，主要成分为：菖蒲二烯、β-芹子烯、α-cuaiene、β-cuaiene、α-himachalene、苯甲酸苄酯和雅槛兰树油烯等。

1.3　木豆的药理活性

木豆民间药用历史悠久，木豆在中国、印度、阿根廷等许多国家的民间医药应用，其中木豆叶用来治疗褥疮、膀胱结石、黄疸、痢疾、牙痛和生殖系统感染；其花用于支气管炎、咳嗽、肺炎等的治疗；其根用来驱虫、祛痰、镇静及治疗创伤；烧焦的木豆种子可加入咖啡饮用，新鲜的种子则可治疗肝肾疾病及男性小便失禁。目前，国内外对木豆生物学活性研究广泛，通过动物学模型及细胞分子生物学手段证实木豆提取物及其化学成分能够治疗骨质疏松、股骨头坏死等骨相关疾病，具有降血糖和血脂、抗脑缺血缺氧损伤、抗氧化、保肝、抗炎、抗疟疾、抗菌及抗镰状细胞贫血等生理活性（钟小荣，2001；Duke and Vasquez，1994）。

木豆叶水提物能使脂质过氧化物含量明显下降、超氧化物歧化酶（SOD）活性显著提高。木豆叶水提物对大鼠、小鼠脑缺血、缺氧损伤均有一定的保护作用（黄桂英等，2006）。木豆素制剂对腹腔毛细血管通透性有明显的抑制作用，同时还有镇痛作用。木豆水提物的抗镰形细胞形成的作用被证实与cajaminose和苯丙氨酸有关。木豆叶的乙醇粗提物具有抗寄生虫的活性。中药木豆在医药临床方面的研究利用，有文字记载较早的见《陆川本草》：木豆叶"平、淡、有小毒"。《中华药海》进一步说明，木豆叶"平、淡、有小毒、入心经"，主治小儿水痘、痈肿（冉先德，1993）。我国台湾将木豆称为树豆，且其民间流传"树豆可以作为诸药之引药"。种子近圆球形，略扁，种皮暗红色，采其熟者入药，有清热解毒、补中益气、利水消食、止血止痢、散淤止痛、排痈肿之效。根具有消炎解毒及解热之效。木豆制剂外敷可促进开放创面愈合（唐勇等，1999），也有将木豆叶作为生脉成骨片的主要药味（陈迪华等，1985）及从木豆中提取、分离有关药用成分的报道。中国、印度、西非、加勒比地区及其他许多国家民间均以木豆不同部位入药。在印度和印度尼西亚（爪哇），用木豆嫩叶外敷以治疗外伤，木豆叶粉末被用作祛除膀胱结石药物。木豆叶用盐腌制后的汁液被用作治疗黄疸。此外，木豆在印度还被用来治疗糖尿病（Milliken，1997；Grover et al.，2002）。在南美洲被用作退热药及稳定经期、治疗痢疾（Abbiw，1990），在非洲用于治疗肝炎、肾脏疾病和麻疹（Duke and Vasquez，1994）。在阿根廷，木豆叶被用作治疗人的生殖系统及其他皮肤感染（Morton，1976）。木豆在我国作为传统中药和民间药应用广泛。

　　木豆种子在闽南按赤小豆同等使用，民间作祛湿利水消肿药，用于脸、脚浮肿，黄疸腹水，手脚酸软，跌打肿痛，风湿痹痛，暑热湿重，小便黄赤不利，心虚水肿无力，肝炎水肿，黄疸肝炎，血淋，痔疮下血及痈疽肿痛等，同时是食疗、保健和食用佳品，夏天是祛暑降湿保健食品。木豆的根部有清热解毒、利湿止血、止痛和杀虫作用（向锦等，2003；袁浩等，1984），主治咽喉肿痛、痈疽肿痛、痔疮出血、血淋水肿、小便不利。木豆叶的药用功效最显著，可治外伤、烧伤、褥疮（张建云等，2001；陈迪华等，1985），可止痛、消肿、止血，其消炎止痛功效优于水杨酸。叶的煎剂对咳嗽、腹泻等有效。民间将其叶制成三种制剂，用于治疗外伤、烧伤感染和褥疮等取得较好的疗效。嫩叶嚼烂用于治疗口疮，压汁内服可消除黄疸，捣烂的浆汁对外伤和疮毒有祛腐生肌的作用。我国《广东省中药材标准》中对中药木豆叶的功能与主治描述为活血化淤、消肿止痛、补肾健骨、祛腐生肌。用于淤血肿痛、股骨头缺血性坏死，外治水痘、痈肿及各种感染创面（Wu et al.，2009；罗瑞鸿和李杨瑞，2004）。

1.3.1　木豆的现代药理作用

　　现代药理学研究已证实木豆具有治疗骨伤疾病、降血糖降血脂、护肝、治疗镰状细胞贫血、抗痢疾、抗菌消炎、抗氧化、抗脑缺血缺氧损伤等方面的卓越功效。

　　（1）抗炎作用：孙绍美等（1995）对木豆素含量0.4%~0.55%的样品进行抗炎作用研究，发现木豆素有明显的抗炎、抗渗出及镇痛作用，且毒性小，其最突出的特点为减少分泌物和镇痛；木豆素制剂的抗炎作用比水杨酸强，其抗炎作用随剂量的增加而增强，其抗渗出作用的原理为通过显著降低血管通透性而降低渗出；在灌胃剂量120mg/kg时，小鼠扭体次数明显减少（$P<0.01$），抑制率为59.76%；木豆素制剂还能明显延长小鼠痛阈时间而显示镇痛作用，其半数致死量（LD_{50}）为2.39g/kg（骆庆峰，2008）。

　　（2）凝血作用：罗瑞鸿和李杨瑞（2004）用10个木豆品种的凝集素对不同来源的红细胞的凝集性进行研究，发现全都能凝集兔红细胞，但全都不能凝集大鼠、小鼠和豚鼠的红细胞；10个品种的木豆凝集素的凝血性差异较大，但地缘、亲缘较近的木豆凝集素凝血性接近。

　　（3）抗氧化作用：牡荆苷有明显的抗氧化作用，其抗氧化作用与二丁羟基甲苯（butylated hydroxytoluene，BHT）相当或略好于BHT，但却弱于表没食子儿茶素没食子酸酯（epigallocatechin gallate，EGCG）。付玉杰教授研究团队于2009年将木豆叶的乙醇提取物再用石油醚和乙酸乙酯等4种溶剂分离得到4个部分，在1,1-二苯基-2-苦肼基（1,1-diphenyl-2-picrylhydrazyl，DPPH）自由基清除实验中，乙酸乙酯部分具有最高的自由基清除作用，其半抑制浓度（IC_{50}）为194.98μg/mL；在β-胡萝卜素-亚油酸实验中，乙酸乙酯部分具有最高的抑制率，为94.13%±3.14%，在4mg/mL的浓度下，与BHT具有相当的抑制能力（黄桂英等，2006）。

（4）降低血脂、降低胆固醇作用：骆庆峰等（2008）将木豆叶芪类提取物灌胃给高脂小鼠，观察其对高脂模型小鼠血脂和肝脂质的影响，结果发现木豆叶芪类提取物200mg/kg剂量可明显降低治疗动物的体重水平，也可明显降低异常升高的血清总胆固醇（total cholesterol，TC）和甘油三酯（triglyceride，TG）。木豆叶芪类提取物还具有明显降低血清低密度脂蛋白（low density lipoprotein，LDL）和抑制肝脂质蓄积的作用（吕志强等，2009）。

（5）治疗骨伤疾病：传统工艺中木豆叶经粉碎、压片或煎煮可治疗骨性关节炎，实验表明木豆提取物可用于制备治疗骨性关节炎的药物。郑元元等（2007）采用体外实验研究木豆叶提取物及其芪类成分对人的类成骨细胞HOS TE85成骨功能、间质矿化及体外破骨细胞分化的影响，发现木豆叶提取物对成骨细胞骨形成有明显的促进作用，并且直接减少破骨细胞的数量（抑制率20.4%~37.9%）。进一步通过动物模型研究木豆叶提取物芪类成分对雌激素缺乏性大鼠骨质丢失的作用，结果表明与17β-雌二醇相比，木豆叶提取物芪类成分能够抑制骨质丢失、改善骨小梁结构，并避免雌激素替代治疗时可能诱发的子宫癌、乳腺癌等危险，实验结果表明木豆提取物具有成为抗骨质疏松新药的潜力（Adaobi et al.，2010）。

（6）治疗镰状细胞贫血：cajaminose及酚酸等从木豆中分离得到的化合物能有效地治疗镰状细胞贫血。

（7）治疗脑缺血缺氧损伤：木豆叶水提物对脑缺血缺氧时脑组织中细胞膜及微血管膜的稳定性有一定的保护作用，可显著降低急性脑缺血再灌注模型小鼠脑内脂质过氧化物的含量，提高SOD活性，明显减少大鼠急性脑缺血模型脑组织的含水量、脑指数及脑毛细血管伊文思蓝的渗出量。黄桂英等（2006）利用急性脑缺血再灌注动物模型探讨了木豆叶提取液对脑缺血缺氧损伤的保护作用，发现木豆叶水提物能使脂质过氧化物丙二醛（malondialdehyde，MDA）含量明显下降、SOD活性显著提高、显著减少模型动物脑含水量及毛细血管伊文思蓝的渗出量，并延长小鼠断头喘气时间，这些结果提示木豆叶水提物在防治心脑血管病等方面可能有重要作用。

（8）促进离体骨髓间充质干细胞（mesenchymal stem cell，MSC）生长作用：吕志强等（2009）用木豆叶提取物灌胃给药方式，观察小鼠的含药血清对离体骨髓间充质干细胞生长作用的影响，研究发现，在木豆叶对骨髓间充质干细胞生长曲线中，药血清组在加入第三天时，骨髓间充质干细胞比空白对照组明显增多，同用药剂量成正比。吕志强等（2009）通过对木豆叶总黄酮对细胞总数和细胞活率的影响进行观测，发现木豆叶血清中各剂量组与空白组有显著提高，并成量效关系。另外，还发现灌服木豆叶总黄酮后，小鼠离体骨髓间充质干细胞的胞内游离钙浓度明显升高（Kundua et al.，2008）。这表明木豆叶提取物能明显加快成骨转化的作用，因而对于骨修复和功能重建有重要的作用。

（9）治疗糖尿病：木豆叶的甲醇提取物有抗糖尿病的作用，在400mg/kg和600mg/kg剂量下，可以显著（$P<0.05$）降低糖尿病小鼠血糖，并在4~6h内保持低血糖作用；在此剂量下，还能显著（$P<0.05$）降低正常小鼠的餐后血糖（Losi et al.，2004）。

（10）治疗阿尔茨海默病：木豆叶的芪类提取物可以用于与认知障碍有关的疾病的治疗，其原理为增加乙酰胆碱转移酶（choline acetyl transferase，CAT）的活性和抗氧化作用。

（11）促进伤口愈合：木豆提取物组成的复方可间接性地提高创面生长因子含量，从多方面促进创面愈合，近年来广泛用于开放性伤口的治疗。

（12）其他作用：治疗股骨头坏死、对成骨细胞和破骨细胞的作用、护肝等。研究表明，木豆叶的甲醇提取物能稳定肝细胞膜、纠正肝内脂质代谢紊乱、促进酒精的肝内代谢作用（Goutmana et al.，2003；Avallone et al.，2000）。

1.3.2　木豆中主要成分的药理作用

本节针对木豆中主要有效成分的药理作用做出详细介绍，目前对木豆化学成分的研究表明主要的有效成分为黄酮类化合物及芪类化合物。黄酮类化合物是一类小分子天然植物成分，广泛存在于蔬菜、水果、牧草和药用植物中，主要泛指两个苯环通过中间三碳链相互连接而成的有C_6—C_3—C_6结构的一系列酚类化合物，以其广谱的药理作用引人瞩目。这类化合物在自然界中以糖苷和游离苷元存在，并以其生物化学及药理作用的多样性，包括抗氧化活性，引起了国内外学者的广泛重视，研究进展很快。黄酮类化合物因其具有解痉、消炎、抗过敏、利尿等作用被广泛用作治疗药物，这些作用被认为与其吸收氧自由基的性质有关。除此之外，黄酮类化合物还具有抗菌、抗病毒、抗癌、抗感染等作用。其中，黄酮（flavone）由于具有抗氧化和清除自由基的作用，在黄酮类化合物中占有重要地位。现有的文献表明，木豆叶中含量较高的黄酮类化合物为牡荆苷、异牡荆苷和荭草苷等，它们均为黄酮碳苷（Campbell et al.，2004；Osada et al.，2004；Huang et al.，1996）。

牡荆苷：化学名为4′,5,7-三羟基黄酮-8-C-β-D-葡萄糖苷，分子式为$C_{21}H_{20}O_{10}$，分子量为432.28。牡荆苷和异牡荆苷为芹菜素的碳苷，分子结构中含有许多酚羟基，是中等极性分子，易溶于乙醇、乙酸乙酯、氯仿，纯品在甲醇、水中的溶解性不好，不溶于石油醚、正己烷等弱极性溶剂。牡荆苷和异荆苷有较好的药理活性，具有降血压、止痉挛、抗感染、抗菌、辐射保护及清除自由基的作用，可预防心脑血管疾病等。有研究表明，牡荆苷非竞争性地抑制乙酰胆碱而不是通过Ca^{2+}通道，对解痉有一定作用，异牡荆苷在十二指肠中则没有此作用。牡荆苷和异牡荆苷还可抑制晚期糖基化终产物的形成，具有抗糖基化作用。但牡荆苷和异牡荆苷药理作用机制尚不清楚（苑林宏等，2007；Verbeek et al.，2004；Lin et al.，2002b）。

异牡荆苷：化学名为4',5,7-三羟基黄酮-6-葡萄糖苷，分子式为$C_{21}H_{20}O_{10}$，分子量为432.28，与牡荆苷是同分异构体，其葡萄糖基与母核的6位碳通过C—C键相连，而牡荆苷的葡萄糖基则与母核的8位碳通过C—C键相连。具有降血压、抗感染、止痉挛、抗菌、清除自由基及辐射防护的作用，异牡荆苷可能影响BACE1 mRNA的稳定性从而抑制BACE 1蛋白质的表达量，抑制人神经母细胞瘤细胞SH-SY5Y中β-分泌酶活性。异牡荆苷能够抑制黄嘌呤氧化酶，保护细胞DNA，使其免受损伤（Agnese et al.，2001）。

荭草苷：化学名为3',4',5,7-四羟基黄酮-8-葡萄糖苷，分子式为$C_{21}H_{20}O_{11}$，分子量为448.38。荭草苷为木犀草素的碳苷，糖基通过C键与木犀草素8位上的碳相连。荭草苷有抗血栓、抗辐射、抗氧化、舒张血管平滑肌、降低血浆黏度和血清胆固醇等作用。荭草苷舒张血管平滑肌的机制可能是抑制血管平滑肌依内钙性与依外钙性收缩。荭草苷还对缺血缺氧心肌有保护作用，作用机制可能是荭草苷可降低血清肌酸磷酸激酶（creatine phosphokinase，CPK）、乳酸脱氢酶（lactate dehydrogenase，LDH）活性及丙二醛（malondialdehyde，MDA）的生成和细胞内钙浓度，并能提高SOD活性及细胞内线粒体脱氢酶活性，从而有效对抗自由基损伤，增强体内抗氧化酶活性，减少心肌耗氧量。

芹菜素：化学名为4',5,7-三羟基黄酮，分子式为$C_{15}H_{10}O_5$，分子量为270.24。木豆中对于芹菜素的研究主要集中在镇痛、抗抑郁、抗肿瘤、抗氧化等药理研究方面。由于芹菜素具有降低γ-氨基丁酸（γ-aminobutyric acid，GABA）和N-甲基-D-天冬氨酸受体（N-methyl-D-aspartic acid receptor，NMDA受体）的功能，阻止谷氨酸转移，因而具有较好的镇痛和抗抑郁作用，对谷氨酸诱导的神经损伤具有保护作用（文赤夫等，2006）。同时芹菜素可提高安定对GABA诱导的GABA受体的正向调节（高元兴等，2007）。芹菜素是细胞增殖和血管生成抑制剂，通过干扰缺氧诱导因子HIF-1α与热激蛋白Hsp90的结合，降解HIF-1α的表达量，从而阻止促红细胞生成素（erythropoietin，EPO）的mRNA的表达，进而抑制血管内皮生长因子（vascular endothelial growth factor，VEGF）的缺氧性mRNA表达量，继而抑制肿瘤细胞的形成（Kimata et al.，2000）。25μmol/L芹菜素可抑制TPA（12-O-tetradecanoylphorbol-13-acetate）诱导的肿瘤细胞生长（Lee et al.，2002）。芹菜素对T细胞中IFN-γ路径抑制作用敏感，对治疗人自身免疫疾病提供了可能（Perez-Garcia et al.，2000）。芹菜素对黄嘌呤氧化酶具有较强的抑制作用，有保肝、抑制肿瘤和抗菌作用（Chowdhury et al.，2002）。芹菜素可以通过抑制Akt激酶活性而诱导胃癌细胞发生凋亡（Mittra et al.，2000）。芹菜素对清除·O_2^-和·OH均有一定效果：当芹菜素浓度为4μg/mL时，其清除·O_2^-率为43.4%，清除效果比维生素C、维生素E都强；当芹菜素浓度为9μg/mL时，清除·OH率为22.45%，其清除效果比维生素C差，但比维生素E好（Ko et al.，

2002）。芹菜素对大鼠肝缺血再灌注损伤有一定的保护作用（Kim et al.，2005）。

木犀草素：化学名为3′,4′,5,7-四羟基黄酮，分子式为$C_{15}H_{10}O_6$，分子量为286.24。具有广谱的药理活性，包括抗炎、抗过敏、抗增殖、抗氧化及抗癌等（Leung et al.，2005）。木犀草素抑制人骨髓白血病细胞的增殖并诱导其凋亡，通过抑制血小板源性生长因子（platelet-derived growth factor，PDGF）β-受体的磷酸化作用来预防PDGF-BB诱导的血管光滑肌肉细胞的增殖，通过调节Bax/Bak的线粒体迁移及Jun激酶（Jun kinase，JNK）的活性来破坏人肺癌及肝癌细胞并诱导其凋亡（Kong et al.，2009；王菲等，2007；Lee et al.，2005）。木犀草素可以通过抗增殖和诱导凋亡抑制恶性肿瘤细胞的生长，还可诱导一些癌细胞发生凋亡。木犀草素苯环B中C3、C4上的两个邻近的极性基团—OH对于抑制酶活性是必需的；C2和C3之间的共轭双键导致B环和C环在同一平面，有利于接近激酶底物结合位点，这两种结构对于木犀草素抗细胞增殖的活性至关重要（Prabhakar et al.，1981）。木犀草素主要靠改变细胞信号通路抑制肿瘤细胞生长因子或改变激酶活性抵抗癌细胞的浸润，也可通过阻滞细胞周期等方式抑制肿瘤细胞生长。木犀草素可分别与单体酶和底物DNA发生相互作用。所以木犀草素可作为拓扑异构酶I接触反应活性的抑制剂，成为一种诱导型抗癌化合物对拓扑异构酶产生抑制作用。木犀草素还可诱导拓扑异构酶II介导的凋亡，通过形成木犀草素-topoII-DNA三重复合物剪切DNA。木犀草素诱导肿瘤细胞凋亡的作用主要是通过靶向调节细胞生长中的信号传递、基因表达、酶的活化或抑制实现，而不是直接的细胞毒作用，所以可能有较广的抗癌谱。

球松素：化学名为5-羟基-7-甲氧基-2-苯基色满-4-酮，分子式为$C_{16}H_{14}O_4$，分子量为270.28。可抑制肿瘤生长（Kollipara et al.，1994）。球松素还具有良好的抗氧化活性。

染料木素：化学名为5,7,4′-三羟基异黄酮染料木黄酮金雀异黄酮，分子式$C_{15}H_{10}O_5$，分子量为270.24。对金黄色葡萄球菌有较强的抑菌活性，其抑菌机制是通过破坏细菌细胞壁及细胞膜的完整性、抑制细菌的呼吸代谢和抑制蛋白质的合成等多种作用的结果。染料木素是一种与雌激素类固醇有密切关系的异环酚类物质。大量报道证实染料木素是一种很弱的植物雌激素。由于染料木素与雌激素同时作用于靶器官，二者竞争结合雌激素受体，从而可减轻雌激素的促细胞增殖作用，降低与雌激素有关癌症的发病危险。染料木素能抑制8-OH-dG的生成，保护DNA分子免受氧化攻击。还有研究表明染料木素的抗癌作用机制与诱发细胞程序性死亡、提高抗癌药效、抑制血管生成等有关（Picerno et al.，2003）。

白藜芦醇：化学名为3,4′,5-三羟基芪、芪三酚等，分子式为$C_{14}H_{12}O_3$，分子量为228.25。具有保护心肌细胞、改善微循环、抑制血小板聚集、抵抗内毒素休克、降血脂、抗肿瘤、抗脂质过氧化、镇咳、平喘、抗病原微生物等多种药理作用。白藜芦醇抗肿瘤活性的机制是通过抑制细胞色素酶、诱导解毒酶、抑制环氧化酶、抑制蛋白激酶、拮抗雌激素受体、促进肿瘤细胞分化和凋亡等途径实现的（Bramati et al., 2003）。

cajanol：从木豆根中提取分离得到的单体化合物，是一种黄酮类化合物。化学名为5-hydroxy-3-(4-hydroxy-2-methoxyphenyl)-7-methoxychroman-4-one，分子式是$C_{17}H_{16}O_6$，分子量为316.31，外观为白色粉末状，几乎不溶于水，易溶于甲醇、二甲基亚砜（dimethyl sulfoxide，DMSO）等有机溶剂。cajanol是一种植物抗生素，具有抗疟原虫活性和抗真菌活性，Luo等（2010）首次对cajanol的抗肿瘤活性进行研究，体外实验研究均表明cajanol具有很好的抗肿瘤活性，对多种肿瘤细胞生长具有很好的抑制效果，其中对MCF-7人乳腺癌细胞的抑制效果最好。这种肿瘤抑制作用与cajanol诱导肿瘤细胞凋亡有关。而cajanol诱导肿瘤细胞凋亡主要通过影响细胞周期、激活线粒体凋亡途径及调节相关凋亡蛋白如Bcl-2、Bax、细胞色素C、caspase-3和caspase-9蛋白水平的变化（Tran et al., 2002）。

现在已有以木豆叶为原料制成的药片，是广州中医药大学第一附属医院用于治疗股骨头坏死的专科用药，其有效成分就是以牡荆苷为主的黄酮类化合物。浙江省台州市博爱医院孙捷教授团队研制的胶囊，其中主要活性成分为牡荆苷和荭草苷等黄酮类物质。

1.4　木豆的开发及利用价值

1.4.1　食用价值

木豆为世界第六大食用豆类，也是唯一的木本食用豆类，其种子含蛋白质约20%、淀粉约55%，含人体必需的8种氨基酸，还含有维生素B_1、维生素B_2、胡萝卜素及钙、磷、镁、铁、钾等矿质元素；而且木豆作为新鲜蔬菜食用，营养丰富，维生素A、维生素C的含量均高于豌豆，是以禾谷类为主食的人类最理想的补充食品之一。我国南方农民曾种植木豆以其种子为救荒粮食，烹煮后作为主食或添加到菜肴中食用，有的地区以木豆代替大豆制作酱油、豆腐、豆芽和豆沙等（Arimoto et al., 2000）。现在老百姓已经放弃直接食用木豆的习惯。以木豆种子饲喂畜禽已有悠久历史，其嫩茎叶中蛋白质含量较多，是牛羊喜食的优质牧草，可单种木豆放牧或收割饲喂。木豆营养成分丰富，营养价值高。一般栽培品种蛋白质含量在18.5%~26.3%，平均21.5%，新育成高蛋白品种的含量为30%左右。木豆含有人体必需的8种氨基酸，其中赖氨酸含量较高，达6.8mg/100g蛋白质。木豆淀粉含量51.4%~58.8%，平均54.7%；还含有丰富的矿质元素和维生素，其中维生素A、维生素B、维生素C和胡萝卜素含量显著高于其他豆类。木豆的主要营养抑制因子是胰蛋白酶、糜蛋白酶、淀粉酶抑制剂及低聚糖。

1.4.2　药用价值

木豆除具有以上药理活性，其茎、花、种子有治疗肺病、心血管疾病、天花、麻风等功效，还可降低血液中胆固醇含量。近些年，国内外关于木豆有效成分提取、分离及药理作用的报道较多。木豆制剂外敷可促进开放创面愈合，木豆叶还被作为生脉成骨片的主要药味；袁浩等（1984）在研究中发现木豆叶对治疗股骨头缺血性坏死有神奇功效；有研究根据民间经验，用木豆治疗外伤、烧伤感染和褥疮等也取得了较好疗效（Lin et al.，2002a）；孙绍美等（1995）以小鼠为研究对象，研究木豆叶有效成分木豆素的药理作用，发现木豆素制剂具有明显的抑制毛细血管的通透性、镇痛、消炎作用，毒性小，在有效剂量范围内动物无不良反应，且其抗炎作用强于水杨酸；刘中秋等（1998）在证实木豆的抗菌消炎作用的基础上，进一步探寻抗菌消炎的主要活性部位，实验表明木豆叶水提部分的抗炎作用最强，验证了民间利用木豆叶水煎剂可解毒消肿的功效；木豆水提物的抗镰形细胞形成的作用被证实与cajaminose和苯丙氨酸有关；从被害虫侵害的木豆茎和叶中已经分离出一些植物抗毒素；木豆叶的乙醇粗提物具有抗寄生虫的活性（王海涛等，2008）。

《广东省中药材标准》中对木豆叶有如下描述："本品为豆科植物木豆*Cajanus cajan* (L.) Millsp.的干燥叶。夏、秋二季采收，除去枝梗及杂质，晒干。"功能与主治：清热解毒，消肿止痛。用于小儿水痘，痈肿疮疖。

1.4.3　生态价值

作为迄今唯一的一种食用木本且用途较多的豆类作物，木豆全身是宝，综合价值极高。除药用价值外，还具有很高的经济、生态利用价值。它可以作为造林的先锋物种，并且可以改良土壤、防风固沙、改善生态环境，也是长期的蜜源植物。木豆是一种土壤改良作物。木豆根系发达，可深入地下，根瘤固氮量每年每公顷可达40kg；具有共生菌，可溶解土壤中的磷酸铁吸收磷分；木豆叶含蛋白质约20%，落地腐烂后是优质的肥料，因此木豆能有效改良土壤。

木豆是热带树种，耐高温、干旱、瘠薄，在干热瘠薄的土壤中能快速生长，一般一年生林地覆盖率可达80%~100%，具有显著的水土保持功效，也是许多地区造林的先锋树种。近些年由于在干热河谷地区植被恢复中的突出成效，加之较多新品种从国外引入并表现出诸多优良特性，木豆被再次重视。此外，木豆树冠繁茂发达，花朵艳丽多姿、五颜六色，可作为观赏植物用于城市道路、广场、小区绿地的美化，也可进行庭院修饰等起到美化环境的作用。

1.4.4　分子利用价值

木豆具有很高的营养价值，蛋白质、碳水化合物、粗纤维、脂肪、维生素等含量都明显高于一般的豌豆，是一种很好的粮食和饲料。木豆耐旱、耐瘠能力强，并具有很好的固氮能力。在我国西南地区可以通过种植木豆来遏制沙漠化、保持水土、增加土壤肥力，从而恢复生态平衡。木豆众多良好的基因资源有待开发和利用。

耐旱基因的挖掘和利用：木豆能在非常干旱的山区、半石山地区正常生长，通过生物化学和分子生物学手段把木豆体内与耐旱密切相关的基因分离或标记出来，并利用它们进行辅助育种或遗传转化育种具有很好的前景。

抗病、抗虫基因的利用：病毒、真菌、细菌和昆虫给农业生产造成严重危害，每年全球农业都因此而受到巨大的经济损失。木豆中有很多品种分别对病毒病害、真菌病害、细菌病害及昆虫为害具有很高的抗性，可作为能够充分提供各种抗病、抗虫基因的重要基因资源。大量实验证明，植物自身的抗性也是受基因控制的。可通过对各个抗病、抗虫品种自身的组织结构及在病虫或有害环境下体内诱导或激活的物质的研究，逐步把它们自身所具有的抗性基因分离克隆出来，然后通过基因工程将这些优良的抗性基因转到各种具有很好潜力的优良材料中，培育成优良的抗病虫品种。

1.4.5 优质动物饲料

木豆是一种较好的粮菜饲料兼用作物。在我国，粮食增产潜力有限，能用作饲料的粮食更有限。饲料原料特别是蛋白质原料严重不足是我国发展饲料工业的难题之一。木豆耐旱耐瘠、粗生易种，当旱季牧草难于生长时，木豆仍可茂盛生长。可用木豆鲜叶作饲草；豆粒则是专业化养鸽的上选饲料，经过膨化后可以直接喂养牲畜，近年来用木豆作蛋白饲料的研究进展较快。

1.4.6 其他用途

将木豆籽粒磨成粉可以制备吸水剂，吸水能力超强，可达本身重量的272倍。木豆枝条可用于编制篮筐，茎秆是优质薪柴和造纸原料，也可用作建筑材料。在农村房屋和田边种植木豆可作为篱笆。木豆花量大，可为蜜蜂提供充足的蜜源。木豆还可与玉米等作物进行套种。此外，木豆还是优良的紫胶虫寄主树，可用于工业方面的紫胶生产。

1.5 木豆育种与种质资源遗传多样性的研究

关于木豆的栽培技术和品种改良工作，在印度开展较多，而从事该作物研究的又主要是国际半干旱热带作物研究所。

国际半干旱热带作物研究所（International Crops Research Institute for the Semi-

Arid Tropics，ICRISAT）对木豆的研究是全方位的，他们搜集世界各地的木豆品种资源，从74个国家收集到了13 548份木豆资源，丰富了基因库，其中收集最多的国家依次为印度、肯尼亚、马拉维、坦桑尼亚、尼泊尔等。1998年美国俄克拉何马州学者研究表明，木豆适合和小麦轮作，是一种良好的接小麦茬的夏季作物。同年，美国学者研究表明在120~250天内成熟的木豆品种适于和美国大平原区的小麦轮作。Rao等（2002）研究认为，从ICRISAT引进的木豆品种PBNA适应性好、产量高、品质好，能在7~11月保质保量地供应牛需要的饲料。Rao等（2003）研究表明，木豆在美国南部能够填补夏季末到秋季的饲料空白，为畜牧生产提供新的蛋白质来源。在老挝，为了扭转目前土壤肥力下降和人口贫困化的趋势，实施了饲料和畜牧系统项目，在该项目中木豆被大面积推广应用，并取得成功（李蓟龙，2007）。在印度，Joshi和Saxena（2002）研究表明，木豆正在向非传统产区发展。但初期需要政府在技术上和政策上予以扶助，在大力推广前需要对发展地区的环境条件、生产技术条件和经济条件，尤其是潜在有利条件和不利条件进行研究。Vashishtha（2003）也认为，木豆正向某些新的地区逐步发展，这对于这些地区作物生产的多样性是非常有利的。

有研究报道，印度地方资源遗传多样性广泛，育成品种遗传基础广阔；非洲、美洲地方资源遗传多样性较丰富，且与印度资源的亲缘关系较密切。中国地方资源遗传多样性独特，且与印度、非洲、美洲栽培木豆资源亲缘关系不明显（闫龙等，2007）。闫龙等（2004）研究结果基本支持印度木豆起源和多样性中心、非洲次生多样性中心的观点，并提出中国次生起源中心和遗传多样性中心假说。研究还发现，木豆核质互作雄性不育系（A）和保持系（B）间存在独特的扩增片段长度多态性（amplified fragment length polymorphism，AFLP）谱带差异，可能有助于分子标记辅助的木豆杂种优势利用和杂交种培育。

据报道，木豆属32个种中，7个分布在中国；栽培种中的地方资源分布更为广泛。多点多年的木豆资源田间鉴定结果表明，国内外木豆资源间存在极明显的形态学和生态学差异，那么其DNA间的差异是否也如此明显？国内外栽培木豆资源间存在怎样的演化和亲缘关系？通常认为木豆起源于印度并形成了遗传多样性中心，非洲是木豆遗传多样性次生中心，那么中国在木豆栽培种起源、演化中的地位如何？

有学者对于木豆遗传多样性的研究，主要依据形态学和细胞学特征、杂交育种和种子蛋白特征；随着DNA标记技术的日渐成熟，已利用随机扩增多态性DNA（random amplified polymorphic DNA，RAPD）、限制性片段长度多态性（restriction fragment length polymorphism，RFLP）、限制性片段长度多态性聚合酶链反应（polymerase chain reaction-restriction fragment length polymorphism，PCR-RFLP）、简单重复序列标记（simple sequence repeat，SSR标记）和多样性芯片技术（diversity arrays technology，DArT），侧重于木豆种间遗传多样性的研究报道。有学者通过

AFLP标记，从DNA水平揭示木豆种质的遗传多样性，有助于国内外木豆资源收集、研究和育种工作。

1.5.1 AFLP技术在木豆资源遗传多样性研究中的优势

木豆是光温极敏感的短日性作物，生态适应性较差，其表型性状受光温影响大，依表型性状分析遗传多样性，其种内分类的可靠性差。将AFLP技术体系优化后运用到木豆种质资源遗传多样性研究中，可完全克服上述困难。有研究认为栽培木豆的组群划分与地理分布无明显关系。研究发现，在木豆栽培资源材料区分上，AFLP指纹图谱表现出高分辨率，辅以野生资源作对照，足以用于栽培资源遗传多样性分析、组群分类及其资源演化与地理分布关系的探讨，并显示出栽培木豆的地理分布与组群划分存在因果关系。因技术体系成熟，以及采用少量引物便可获得丰富的多态性带，与其他分子标记相比在木豆DNA差异显示上AFLP具有优势。

1.5.2 栽培木豆的起源和遗传多样性中心

AFLP研究结果基本支持印度是木豆起源和多样性中心、非洲是栽培木豆的次生起源中心的观点。印度、非洲、美洲栽培木豆间存在较密切亲缘关系，支持非洲、美洲栽培木豆来源于印度的说法。由于当地相互隔离的岛屿地理条件，美洲栽培木豆之间形成了较远的遗传距离。中国木豆资源具有独特的遗传多样性，并且中国栽培木豆种质组群的划分与其地理来源密切相关。印度、非洲及美洲地方资源遗传多样性较丰富，印度育成的木豆品种具有非洲、美洲和中国栽培资源的遗传多样性，遗传基础广阔，不存在遗传背景狭窄的问题。但是，与其近缘野生种相比，木豆栽培种内存在的遗传多样性很低。因此，在木豆资源改良和育种实践中，有必要积极开展种间远缘杂交和基因操作，以拓宽栽培木豆资源的遗传基础，为今后的木豆育种服务。

1.5.3 中国次生起源中心和遗传多样性中心假说

组群划分结果明确显示，中国栽培木豆地方资源与印度、非洲、美洲栽培木豆地方资源间均无明显亲缘关系，似乎不是来源于印度而应另有来源，明显有悖于传统的木豆起源传播理论。鉴于木豆属的32个种中，7个分布在中国，且包括近年来在广西再次发现的被认为是栽培木豆祖先的野生种，让我们有充分理由相信中国独特的本土木豆栽培资源起源于中国而非印度。因此提出"中国广西、云南一带可能是世界栽培木豆另一个次生起源中心和遗传多样性中心"的假说，以作为木豆起源理论的重要补充。

1.6　国内外研究现状

在木豆生物技术研究方面，Mohan和Krishanamurthy（1998）采用成熟木豆种子的子叶末梢切段作为外植体进行木豆植株再生，将来自2个基因型（T-15-15和GAUI-82-90）的外植体培养在6种不同培养基中，直接诱导出大量枝芽。这些培养基中添加了6-苄基腺嘌呤、激动素和硫酸腺嘌呤。这些枝芽接种在同样的基础培养基（但激素不同）时可以发育成植株，植株成活率可达70%~75%（Ingham，1976）。Sreenivasu等（1998）通过体细胞胚胎再生技术进行木豆植株再生，在MS培养基上添加10μL的苯基噻二唑基脲（thidiazuron，TDZ），接种子叶和10日龄幼苗的叶片，能产生愈伤组织和胚胎，移栽后能形成具有正常形态特征的植株（Duker-Eshun et al.，2004）。Verulkar和Singh（1997）在木豆品种UPAS-120中发现一株雄性不育株，并对其不育性的遗传特性进行了研究，结果表明，该雄性不育性是遗传的，它受一个隐性基因控制。在木豆根的有效化学成分中，芹菜素和染料木素是主要的黄酮类成分，具有很好的药理活性。芹菜素具有抑制致癌物质的活性，可作为促分裂原活化的蛋白激酶（mitogen-activated protein kinase，MAPK）的抑制剂及治疗HIV和其他病毒感染的抗病毒药物治疗各种炎症，芹菜素也是抗氧化剂，能够镇静、安神和降压，与其他黄酮类物质相比具有低毒、无诱变性的特点。染料木素具有雌性激素及抗雌性激素性质、抗氧化作用，可以抑制蛋白质酪氨酸激酶（protein tyrosine kinase，PTK）和拓扑异构酶II的活性，具有诱发细胞程序性死亡、提高抗癌药效、抑制血管生成等作用，是一种很有潜力的癌症化学预防剂，其抗癌作用及机制具有广泛的应用前景。

在医药方面，有从木豆中提取、分离相关药用成分，制成木豆提取物外敷制剂来促进开放创面愈合的报道。中国、印度、西非、加勒比地区及其他许多国家民间均以木豆不同部位入药。王凌云等（2003）在研究长瓣金莲花黄酮的抑菌活性时发现，牡荆苷的抑菌活性最好，并且《中国药典》中提到，牡荆苷具有抗炎、解痉与降压活性，有优良的抗自由基能力与SOD活性，降低血清低密度脂蛋白胆固醇，抗衰老、抗疲劳、抗应激作用。

民间和医药界都十分重视木豆的药用价值与其保健功能的研究，但是迄今对其有效化学成分分析的相关研究报道不多，国内外仅见少量资料。对木豆成分分析的报道多集中在营养成分方面，较少涉及其药用成分的系统研究报道。林励等（1999）对海南产的木豆叶进行了较系统的化学成分的研究，对木豆叶的乙醇提取物，分别以石油醚、乙酸乙酯和甲醇回流提取，对各提取物进行抑菌实验，发现乙酸乙酯提取物的抑菌活性最强。对乙酸乙酯部分进一步分离，得到7种化合物，经理化和光谱分析，鉴定了6种化合物的结构（Vashishtha，2003；Rao et al.，2003；Anonymous，2002；Joshi and Saxena，2002）。中国医学科学院药用植物研究所研究了木豆叶的抗菌消炎成分，得出11种结晶成分（林励等，1999；Mohan and Krishanamurthy，1998；Sreenivasu et al.，1998；Verulkar and Singh，1997）。程誌青等（1992）用水蒸气蒸馏法从木豆的叶和嫩枝中提取挥发油，并用交联毛细管柱气相色谱/质谱/计算机（GC/MS/MSD）联用技术测定木豆精油的化学成分，从中鉴定出23种化合物。Duker-Eshun等（2004）从木豆的根和叶中分离出7种化合物，并研究了它们的抗寄生虫活性。Green等（2003）从木豆豆荚皮中分离4种化合物。

参 考 文 献

陈迪华, 李慧颖, 林慧. 1985. 木豆叶化学成分研究. 中草药, 16(10): 134-136, 434-439.

程霜, 郭长江. 2005. 白藜芦醇抗肿瘤机制研究进展. 疾病控制杂志, 9(3): 257-260.

程誌青, 吴惠勤, 陈佃, 等. 1992. 木豆精油化学成分研究. 分析测试通报, 11(5): 9-11.

高元兴, 秦华东, 刘冬冬, 等. 2007. 芹菜素对大鼠缺血再灌注肝脏的保护作用. 齐齐哈尔医学院学报, 28(3): 265-268.

谷勇, 周榕, 邹恒芳, 等. 2000. 木豆栽培技术与综合利用. 西南林学院学报, 20(4): 213.

黄桂英, 廖雪珍, 廖惠芳, 等. 2006. 木豆叶水提物抗脑缺血缺氧损伤的作用研究. 中药新药与临床药理, 17(3): 172-174.

黄月纯, 唐洪梅, 曾惠芳, 等. 2003. 反相高效液相色谱法测定袁氏生脉成骨片中牡荆苷的含量. 广州中医药大学学报, 20(4): 316-317.

康智明, 徐晓俞, 郑开斌, 等. 2017. 木豆种质资源形态与农艺性状的多样性分析. 热带亚热带植物学报, 25(1): 51-56.

李宏涛. 2002. 木豆的生物学价值及其栽培技术. 贵州畜牧兽医, 26(4): 41.

李蓟龙. 2007. 虎杖中白藜芦醇的药理学活性. 河北北方学院学报(医学版), 4(3): 80-82.

李正红, 周朝鸿, 谷勇, 等. 2001. 中国木豆研究利用现状及开发前景. 林业科学研究, 14(6): 674-681.

李正红, 周朝鸿, 谷勇. 2005. 木豆新品种产量对比及适应性分析. 林业科学研究, 18(04): 393-397.

林励, 谢宁, 程紫骅. 1999. 木豆黄酮类成分的研究. 中国药科大学学报, 30(1): 21-23.

刘霞. 2010. 木豆活性成分Cajanol体外抗肿瘤活性及其作用机制研究. 东北林业大学硕士学位论文.

刘中秋, 周华, 林励, 等. 1998. 生脉成骨片中木豆叶提取工艺研究. 中成药, 20(3): 7-9.

罗瑞鸿, 李杨瑞. 2004. 木豆凝集素的提取及凝血性研究简报. 广西农业生物科学, 23(3): 262-264.

骆庆峰, 孙兰, 斯建勇, 等. 2008. 木豆叶芪类提取物对高脂模型小鼠血脂和肝脏胆固醇的降低作用. 药学学报, 43(2): 145-149.

吕福基, 李正红, 袁杰. 1995. 木豆籽实饲喂肉猪研究. 饲料工业, 6(7): 29-31.

吕志强, 刘红, 郑稼, 等. 2009. 木豆叶总黄酮对骨髓间充质干细胞生长作用的影响. 中国实用医刊, 36 (16): 67-68.

冉先德. 1993. 中华药海. 哈尔滨: 哈尔滨出版社: 15-18.

孙绍美, 宋玉梅, 刘俭, 等. 1995. 木豆素制剂药理作用研究. 中草药, 26(3): 147-148.

唐勇, 王兵, 周学君. 1999. 木豆制剂外敷对开放创面纤维结合蛋白含量的影响. 广州中医药大学学报, 16(4): 302-304.

王菲, 袁胜涛, 朱丹妮. 2007. 肿节风抗肿瘤活性部位的化学成分. 中国天然药物, 5(3): 174-178.

王海涛, 石姗姗, 李银霞, 等. 2008. 染料木素的抑菌活性及其机制的研究. 营养学报, 30(4): 403-406, 409.

王凌云, 周艳辉, 李药兰, 等. 2003. 长瓣金莲花中黄酮苷的抑菌活性研究及牡荆苷的含量测定. 中药新药与临床药理, (04): 252-253.

文赤夫, 董爱文, 罗庆华, 等. 2006. 紫花地丁中芹菜素提取和清除自由基活性研究. 现代食品科技, 22(1): 20-25.

向锦, 庞文, 王建红. 2003. 木豆在中国的应用前景. 四川草原, (4): 38-40.

闫龙, 关建平, 宗绪晓. 2004. 木豆种质资源遗传多样性研究中的AFLP技术优化及引物筛选. 植物遗传资源学报, (04): 342-345.

闫龙, 关建平, 宗绪晓. 2007. 木豆种质资源AFLP标记遗传多样性分析, 33(5): 790-798.

禹建春, 熊学文, 李卫平, 等. 2008. 祛痹消痛胶囊中牡荆苷的含量测定. 湖北中医学院学报, 10(3): 46-47.

袁浩, 姚伦龙, 陈隆宽. 1984. 柳豆叶应用于感染创面564例疗效观察. 中西医结合杂志, 4(6): 352-353.

苑林宏, 夏薇, 赵秀娟, 等. 2007. 芹菜素通过抑制PKB/Akt激酶活性诱导人胃癌细胞凋亡. 科学通报, 52(13): 1523-1528.

张建云, 谷勇, 周朝鸿, 等. 2001. 中国木豆研究现状及开发前景. 林业科学研究, 14(6): 647-681.

浙江农业大学. 1980. 蔬菜栽培学各论 南方本(第二版). 北京: 中国农业出版社.

浙江农业大学. 1990. 作物营养与施肥. 北京: 中国农业出版社.

郑菲艳, 鞠玉栋, 黄惠明, 等. 2016. 木豆及其开发利用价值. 福建农业科技, 4: 65-68.

郑元元, 杨京, 陈迪华, 等. 2007. 木豆叶芪类提取物对雌激素缺乏性大鼠骨质丢失的影响. 药学学报, 42(5): 562-565.

郑卓杰. 1997. 中国食用豆类学. 北京: 中国农业出版社: 306-317.

中国科学院植物研究所. 1979. 中国高等植物图鉴(第二册). 北京: 科学出版社: 504-507.

钟小荣. 2001. 木豆的利用价值. 中药研究与信息, 3(8): 47.

宗绪晓, 李正红. 2003. 木豆. 大连: 大连出版社.

Abbiw DK. 1990. Useful Plants of Ghana . Richmond: Royal Botanic Gardens Kew: 64-67.

Adaobi EC, Peter AA, Charles OC, et al. 2010. Experimental evidence for the antidiabetic activity of *Cajanus cajan* leaves in rats. Journal of Basic Clinical Pharmacy, 1(2): 81-84.

Agnese AM, Pnerez C, Cabrera JL. 2001. *Adesmia aegiceras*: Antimicrobial activity and chemical study. Phytomedicine, 8(5): 389-394.

Anonymous. 1998. Forages: Pigeonpea for wheat land. Progressive Farmers, 113(7): 66.

Anonymous. 2002. Forage connoisseurs . Appropriate Technology, 29(4): 13.

Arimoto T, Ichinose T, Yoshikawa T, et al. 2000. Effect of the natural antioxidant 2''-*O*-glycosylisovitexin on superoxide and hydroxyl radical generation. Food and Chemical Toxicology, 38(9): 849-852.

Avallone R, Zanoli P, Puia G, et al. 2000. Pharmacological profile of apigenin, a flavonoid isolated from *Matricaria chamomilla*. Biochemical Pharmacology, 59: 1387-1394.

Bramati L, Aquilano F, Pietta P. 2003. Unfermented rooibos tea: Quantitative characterization of flavonoids by HPLC-UV and determination of the total antioxidant activity. Journal of Agricultural and Food Chemistry, 51(25): 7472-7474.

Campbell EL, Chebib M, Johnson GA. 2004. The dietary flavonoids apigenin and (-)-epigallocatechin gallate enhance the positive modulation by diazepam of the activation by GABA of recombinant GABAA receptors. Biochem Pharmacol, 68: 1631-1638.

Chowdhury AR, Sharma S, Mandal S. 2002. Luteolin, an emerging anti-cancer flavonoid, poisons eukaryotic DNA topoisomerase I. Biochem J, 366(2): 653-661.

Duke JA, Vasquez R. 1994. Amazonian Ethnobotanical Dictionary. Boca Raton: CRC Press: 103-111.

Duker-Eshun G, Jaroszewski JW, Asomaning WA, et al. 2004. Antiplasmodial constituents of *Cajanus cajan*. Phytotherapy Research, 18(2): 128-130.

Fehr WR, Hadley HH. 1980. Hybridization of Crop Plants. USA: American Society of Agronomy: 470-471.

Goutmana JD, Waxemberg MD, Doñate-Oliver F, et al. 2003. Flavonoid modulation of ionic currents mediated by GABA$_A$ and GABA$_C$ receptors. European Journal of Pharmacology, 461: 79-87.

Green PW, Stevenson PC, Simmones MS, et al. 2003. Phenolic compounds on the pod-surface of pigeonpea, *Cajanus cajan*, mediate feeding behavior of *Helicoverpa armigera* Larvae. Journal of Chemical Ecology, 29(4): 811-821.

Grover JK, Yadav S, Vats V. 2002. Medicinal plants of India with anti-diabetic potential. Journal of Ethnopharmacology, 81(1): 81-100.

Huang YT, Kuo ML, Liu JY. et al. 1996. Inhibitions of protein kinase C and proto-oncogene expressions in NIH 3T3 cells by apigenin. European Journal of Cancer, 32: 146-151.

Hulse JH. 1975. Problems of nutritional quality of pigeonpea and chickpea and prospects of research. International Workshop on Grain Legumes. India: ICRISAT Center: 189-208.

Iadiansky GH. 1980. Seed protein profiles of pigeonpea (*Cajanus cajan*) and some *Atylosia* species. Euphytica, 29: 313-317.

Ingham JL. 1976. Induced isoflavonoids from fungus-infected stems of pigeon pea (*Cajanus cajan*). Zeitschrift für Naturforschung C, 31(9-10): 504-508.

Jones AT, Kumar PL, Saxena KB, et al. 2004. Sterility mosaic disease—the "green plague" of pigeonpea: Advances in understanding the etiology, transmission and control of a major virus disease. Plant Disease, 88(5): 436-445.

Joshi PK, Saxena P. 2002. A profile of pulses production in India: Facts trends and opportunities. Indian Journal of Agricultural Economics, 57(3): 326-339.

Kannaiyan J, Nene YL, Reddy MV, et al. 1984. Prevalence of pigeonpea diseases associated with crop losses in Asia, Africa and Americas. Trop Pest Manag, 30: 62-71.

Kim JH, Jin YR, Park BS. 2005. Luteolin prevents PDGF-BB-induced proliferation of vascular smooth muscle cells by inhibition of PDGF beta-receptor phosphorylation. Biochem Pharmacol, 69(12): 1715-1721.

Kimata M, Inagaki N, Nagai H. 2000. Effects of luteolin and other flavonoids on IgE mediated allergic reactions. Planta Med, 66(1): 25-29.

Ko WG, Kang TH, Lee SJ. 2002. Effects of luteolin on the inhibition of proliferation and induction of apoptosis in human myeloid leukaemia cells. Phytother Res, 16(3): 295-298.

Kollipara KP, Singh L, Hyrnavitz T. 1994. Genetic variation of trypsin and chymotrypsin inhibitors in pigeonpea [*Cajanus cajan* (L.)Millsp.] & its wild relatives. Theor Appl Genet, 88(8): 986-993.

Kong Y, Fu YJ, Zu YG, et al. 2009. Ethanol modified supercritical fluid extraction and antioxidant activity of cajaninstilbene acid and pinostrobin from pigeonpea [*Cajanus cajan* (L.) Millsp.] leaves. Food Chemistry, 117(1): 152-159.

Kundua R, Dasgupta S, Biswas A, et al. 2008. *Cajanus cajan* Linn. (Leguminosae) prevents alcohol-induced rat liver damage and augments cytoprotective function. Journal of Ethnopharmacology, 118: 440-447.

Lee HJ, Wang CJ, Kuo HC. 2005. Induction apoptosis of luteolin in human hepatoma HepG2 cells involving mitochondria translocation of Bax/Bak and activation of JNK. Toxicology and Apply Pharmacology, 203: 124-131.

Lee LT, Huang YT, Huang JJ. 2002. Blockade of the epidermal growth factor receptor tyrosine kinase activity by quercetin and luteolin leads to growth inhibition and apoptosis of pancreatic tumor cells. Anticancer Res, 22(3): 1615-1627.

Leung HW, Wu CH, Lin CH. 2005. Luteolin induced DNA damage leading to human lung squamous carcinoma CH27 cell apoptosis. Eur J Pharmacol, 508(1-3): 77-83.

Li ZH, Saxena KB, Zhou CH, et al. 2001. Pigeonpea: An excellent host for lac production. Int Chickpea and Pigeonpea Newsletter, 8: 58-60.

Lin CM, Chen CS, Chen CT. 2002a. Molecular modeling of flavonoids that inhibits xanthine oxidase. Biochemical and Biophysical Research Communications, 294(1): 167-172.

Lin CM, Chen CT, Lee HH, et al. 2002b. Prevention of cellular ROS damage by isovitexin and related flavonoids. Planta Medica, 68(04): 365-367.

Losi G, Puia G, Garzon G, et al. 2004. Apigenin modulates GABAergic and glutamatergic transmission in cultured cortical neurons. European Journal of Pharmacolog, 502(1-2): 41-46.

Luo M, Liu X, Zu Y, et al. 2010. Cajanol, a novel anticancer agent from Pigeonpea [*Cajanus cajan* (L.) Millsp.] roots, induces apoptosis in human breast cancer cells through a ROS mediated mitochondrial pathway. Chemico-Biological Interactions, 188: 151-160.

Marley PS, Hillocks RJ. 1996. Effect of root-knot nematodes (*Meloidogyne* spp.) on fusarium wilt in pigeonpea (*Cajanus cajan*). Field Crops Research, 46(1-3): 15-20.

Milliken W. 1997. Plants for Malaria, Plants for Fever. Richmond: Royal Botanic Gardens Kew: 158-164.

Mittra B, Saha A, Chowdhury AR. 2000. Luteolin, an abundant dietary component is a potent anti-leishmanial agent that acts by inducing topoisomerase II-mediated kinetoplast DNA cleavage leading to apoptosis. Mol Med, 6(6): 527-541.

Mohan ML, Krishanamurthy KV. 1998. Plant regeneration in pigeonpea by organogenesis. Plant Cell Reports, 17: 705-710.

Morton JF. 1976. The pigeon pea (*Cajanus cajan* Millsp.): A high protein tropical bush legume. HortScience, 11(1): 11-19.

Nene YL, Sheila VK. 1990. Pigeonpea: Geography and importance//Nene YL, Hall SD, Sheila VK. The Pigeonpea. Wallingford: CAB International: 1-14.

Osada M, Imaoka S, Funae Y. 2004. Apigenin suppresses the expression of VEGF, an important factor for angiogenesis, in endothelial cells via degradation of HIF-1 alpha protein. FEBS Lett, 575(1-3): 59-63.

Perez-Garcia F, Adzet T, Canigueral S. 2000. Activity of artichoke leaf extract on reactive oxygen species in human leukocytes. Free Radic Res, 33(5): 661-665.

Picerno P, Mencherini T, Lauro MR, et al. 2003. Phenolic constituents and antioxidant properties of *Xanthosoma violaceum* leaves. Journal of Agricultural and Food Chemistry, 51(22): 6423-6428.

Prabhakar MC, Bano H, Kumar I, et al. 1981. Pharmacological investigations on vitexin. Planta Medica, 43(12): 396-403.

Pundir RPS, Singh RB. 1985a. Cytogenetics of F_1 hybrids between *Cajanus* and *Atylosia* species and its phylogenetic implications. Theor Appl Genet, 71(2): 216-220.

Pundir RPS, Singh RB. 1985b. Biosystematic relationships among *Cajanus*, *Atylosia*, and *Rhynchosia* species and evolution of pigeonpea [*Cajanus cajan* (L.) Millsp]. Theor Appl Genet, 69(5/6): 531-534.

Pundir RPS, Singh RB. 1985c. Crossability relationships among *Cajanus*, *Atylosia*, and *Rhyndzosia* species and detection of crossing barriers. Euphytica, 34(2): 303-308.

Quisumbing E. 1978. Medicinal Plant of the Philippines. Quezon City: Katha Publishing: 1088-1091.

Rao SC, Coleman SW, Mayeux HS. 2002. Forage production and nutritive value of selected pigeonpea ecotypes in the Southern great plains. Crop Science, 42(4): 1259-1263.

Rao SC, Phililips WA, Mayeux HS, et al. 2003. Potential grain and forage production of early maturing pigeonpea in the Southern Great Plains. Crop Sciences, 43(6): 2212-2217.

Ratnaparkhe MB, Gupta VS, Ven Murthy MR. 1995. Genetic fingerprinting of pigeonpea [*Cajanus cajan* (L.) Millsp] and its wild relatives using RAPD markers. Theor Appl Genet, 91(6/7): 893-898.

Ready LJ. 1981. Pachytene analyses in *Cajanus cajan*, *Alylosia lineata* and their hybrid. Cytologia, 46: 397-412.

Ready LJ, De DN. 1983. Cytomorphological studies in *Cajanus cajan×Atylosia lineata*. Indian J Genet, 43(1): 96-103.

Samal KM, Senapati N, Patnaik HP. 2001. Genetic divergence in mutant lines of pigeonpea. Legume Res, 24(3): 186-189.

Singh U, Jain KC, Jambunathan R. 1984. Nutritional quality of vegetable pigeonpea [*Cajanus cajan* (L.) Millsp.]: Dry matter accumulation, carbohydrates and proteins. Journal of Food Science, 49(3): 799-802.

Sivaramakrishnan S, Kannan S, Reddy L J. 2002. Diversity in selected wild and cultivated species of pigeonpea using RFLP of mtDNA. Euphytica, 125(1): 21-28.

Soufiactranien J, Manjava JG, Krishna TG, et al. 2003. Randan amplified polymorphic DNA analyses of cytoplasmic male sterile and male fertile Pigeonpea. Int J Dairy Tech, 129(3): 293-299.

Sreenivasu K, Malik SK, Kumar PA, et al. 1998. Plant regeneration via somatic embryogenesis in pigeonpea (*Cajanus cajan* L. Millsp). Plant Cell Reports, 17: 294-297.

Takahashi S, Kobayashi Y, Fukushima JX, et al. 2000. A spectral attenuation model for Japan using Strong Ground Motion Data Base. Palm Spring: Proceedings of the 6th International Conference on Seismic Zonation.

Tara W. 1998. Pigeonpea—a summer legume for wheat growers. Agricultural Research, 46(2): 17.

Thombre BB, Aher RP, Dahat DV. 2000. Genetic diversity in pigeonpea. Indian J Agric Res, 34(2): 126-129.

Tran VH, Nguyen BH, Pham MH, et al. 2002. Radioprotective effects of vitexina for breast cancer patients undergoing radiotherapy with cobalt-60. Integrative Cancer Therapies, 1(1): 38-43.

Van der Maesen LJG. 1986. *Cajanus* DC. and *Atylosia* W. & A. (Leguminosae): A revision of all taxa closely related to the pigeonpea, with notes on other related genera within the subtribe Cajaninae. Wageningen: Wageningen Agricultural University.

Vashishtha PS. 2003. Slow growth crops: Coarse cereals, oilseeds and pulses. Indian Journal of Agricultural Economics, 58(1): 32-35.

Verbeek R, Plomp AC, van Tol EAF, et al. 2004. The flavones luteolin and apigenin inhibit *in vitro* antigen-specific proliferation and interferon-gamma production by murine and human autoimmune T cells. Biochemical Pharmacology, 68: 621-629.

Verulkar SB, Singh DP. 1997. Inheritance of spontaneous male sterility in pigeonpea. Theor Appl Genet, 94: 1102-1103.

Whiteman PC, Norton BW. 1981. Alternative uses for pigeonpea. India: ICRISAT Center: Proceedings of the International Workshop on Pigeonpeas Volume 1: 365-370.

Wu N, Fu K, Fu YJ, et al. 2009. Antioxidant activities of extracts and main components of pigeonpea [*Cajanus cajan* (L.) Millsp.] Leaves. Molecules, 14: 1032-1043.

Yang S, Pang W, Ash G, et al. 2006. Low level of genetic diversity in cultivated pigeonpea compared to its wild relatives is revealed by diversity arrays technology. Theor Appl Genet, 113(4): 585-595.

Yang SY, Pang W, Zong XX, et al. 2001a. Pigeonpea: a potential fodder crop for Guangxi province of China. International Chickpea and Pigeonpea Newsletter, 8: 54-55.

Yang SY, Zong XX, Li ZH, et al. 2001b. Performance of ICRISAT pigeonpeas in China. International Chickpea and Pigeonpea Newsletter, 8: 30-32.

Zhou CH, Li ZH, Saxena KB, et al. 2001. Traditional and alternative uses of pigeonpea in China. Int Chickpea and Pigeonpea Newsletter, 8: 55-58.

Zong XX, Yang SY, Li ZH, et al. 2001. Pigeonpea germplasm in China. Int Chickpea and Pigeonpea Newsletter, 8: 28-30.

第2章　木豆主要活性成分分析检测方法

2.1　引　　言

植物的化学成分非常复杂，为了更加安全、有效地利用这些植物资源，建立高效、高灵敏度、高准确性的分析方法非常重要。目前，多种分析方法已被用于木豆叶中化学成分的检测，包括高效液相色谱法、液质联用色谱法、薄层色谱法、气相色谱法、指纹图谱法等。

2.1.1　高效液相色谱法

高效液相色谱法（high performance liquid chromatography，HPLC）是基于经典液相色谱法而迅速发展起来的一种现代化分析方法（于世林，2005），19世纪60年代后期引入了气相色谱理论结合高灵敏度的检测器，它与经典液相色谱法的区别在于其填料颗粒小而均匀。小颗粒的填料具有高柱效和高阻力，因此输送流动相时采用高压，故又称高压液相色谱法。HPLC的优点是分析速度快、分离效率高、检测灵敏度高及色谱柱可反复使用等；适用于分离分析大分子、高沸点、强极性及热稳定性差的化合物，如今已成为分析化学中最主要的检测方法。色谱法种类很多，因分离原理不同可分为液-液分配色谱法、离子交换色谱法、吸附色谱法等。其中，反相高效液相色谱法（reversed phase high performance liquid chromatography，RP-HPLC）属于液-液分配色谱法，在现代液相色谱中应用最为广泛，据统计，它占整个HPLC应用的80%左右。其分离原理为被分离的成分在固定相和流动相中因不同的溶解度而分离。RP-HPLC采用的一般是如C18、C8、非极性固定相；流动相为甲醇、乙腈、四氢呋喃、异丙醇等与水互溶的有机溶剂和水或缓冲液，常加入甲酸、乙酸等以调节保留时间，适用于分离非极性、弱极性及中等极性的化合物。

1. HPLC按分离机理分类（国家药典委员会，2010）

（1）吸附色谱法（adsorption chromatography）是以吸附剂为固定相的色谱方法。使用最多的吸附色谱固定相是硅胶，流动相一般使用一种或多种有机溶剂的混合溶剂。在吸附色谱中，不同的组分因受固定相吸附力的不同而被分离。组分的极性越大，固定相的吸附力越强，则保留时间越长。流动相的极性越大，洗脱力越强，则组分的保留时间越短。

（2）液-液分配色谱法（liquid-liquid partition chromatography）的固定相（覆盖于填料表面的溶剂膜）和流动相是互不相溶的两种溶剂，分离时，组分溶入两相中，不同的组分因分配系数（K）的不同而被分离。按照固定相和流动相极性的不同，液-液分配色谱法又可分为正相色谱法和反相色谱法两类。

（3）离子交换色谱法（ion exchange chromatography）是以离子交换剂为固定相的色谱方法，组分因和离子交换剂亲和力的不同而被分离。柱填料含有极性可离子化的基团，如羧酸、磺酸或季铵盐离子，在合适的pH下，这些基团将解离，吸引相反电荷的物质。由于离子型物质能与柱填料发生不同程度的吸引-解吸，所以可被分离。

样品中不同的组分因离子交换平衡常数的不同而分离。离子交换色谱的流动相一般为一定pH的缓冲溶液，有时也加入少量的有机溶剂，如乙醇、四氢呋喃、乙腈等，以增大组分在流动相中的溶解度。流动相的pH影响离子交换剂的交换容量。对弱酸或弱碱性的被分离组分，流动相的pH还会影响其电离状况，待分离组分必须处于离解状态才能被分离。离子交换色谱法在药物分析中的应用非常广泛，如生物碱、磺胺类药物、某些抗生素及维生素等的分析均可采用此方法。

（4）分子排阻色谱法（size exclusion chromatography）也称凝胶色谱法。其固定相是具有一定孔径范围的多孔性物质，即凝胶。被分离组分因分子空间尺寸大小的不同而被分离。当组分被流动相携带进入色谱柱时，体积大的分子不能进入固定相表面的孔穴中，而随流动相直接通过色谱柱，保留时间最短。体积小的分子可以进入孔穴内，在色谱柱中所走的途径较长，保留时间也较长。分子的体积越小，可进入的孔穴越多，所走的路径越长，保留时间也越长。因此，凝胶色谱中，在一定范围内，体积不同的分子保留时间不同，从而达到分离的目的。凝胶色谱法主要用来分离大分子化合物，如蛋白质、多糖等。由于分子量和分子体积有关，凝胶色谱还可以用来测定组分的分子量。

（5）高效亲和色谱法（high performance affinity chromatography，HPAC）是利用或模拟生物分子之间的专一性作用，从生物样品中分离和分析一些特殊物质的色谱方法。该法的固定相是将配基连接于适宜的载体上而制成的，利用样品中各种物质与配基亲和力的不同而达到分离。当样品溶液通过色谱柱时，待分离物质X与配基L形成X-L复合物而被结合在固定相上，其他物质由于与配基无亲和力而直接流出色谱柱；用适宜的流动相将结合的待分离物质洗脱，如采用一定浓度的乙酸或氨溶液为流动相，减小待分离物质与配基的亲和力，使复合物离解，从而洗脱下来。HPAC可用于生物活性物质的分离、纯化和测定，还可用来研究生物体内分子间的相互作用及其机理等。

（6）手性色谱法（chiral chromatography）。许多有机药物的分子结构中有不对称碳原子，称手性碳原子，有手性碳原子的药物具有旋光性。立体构型不同的对映体，其药效、毒副作用往往不同。例如，氯霉素（含有2个手性碳原子）只有D-(-)异构体有效，而L-(+)异构体完全无效。因此，在药物的制备和质量控制方面，对映体的分离具有重要意义。对映体在普通条件下的理化性质相同，因此分离对映体需要在手性拆分条件下进行。分离对映体的色谱方法称为手性色谱法（孙言才和屈建，2004）。

2. HPLC在药品检验中的应用

高效液相色谱法在1985年版《中国药典》中收载后，为药品检验工作更高效、灵敏、准确地进行药物质量控制奠定了基础，并迅速成为药品检验采用的主流分析方法之一。使用高效液相色谱法的标准品种从1985年版药典的78种，增加至2005年的1327种，在2010年版《中国药典》更是增加至约2000种，其在药品检验领域中的作用日益显著。

1）鉴别中的应用

在HPLC法中，保留时间与组分的结构和性质有关，是定性的参数之一，可用于药物的鉴别。例如，《中国药典》收载的头孢羟氨苄的鉴别项下规定：在含量测定项下记录的色谱图中，供试品主峰的保留时间应与对照品主峰的保留时间一致。通常药典在用HPLC法进行含量测定的同时也以此法进行鉴别。另外，中药的指纹图谱鉴别中HPLC也有很好的表现，相关研究已有大量文献报道（贾晓斌等，2002；李和，2002；游松等，2002；张尊建等，2002；周晓英等，2002）。

2）有关物质检查中的应用

药品检验中需对某些药品的有关物质含量进行控制。药品的质量与药品各种成分的含量有关，杂质的存在与多少对药品的安全性影响至关重要。在药品质量标准的制定中，有关物质检查项是重要的组成部分。HPLC法因具有简便、快捷、专属、准确等优势，已成为检测有关物质的主流方法。

《中国药典》2010年版（二部），有关物质检查广泛采用了HPLC法进行测定，由2005年版的142个增加至707个。2005年版（二部）乳糖酸红霉素中有关物质的检查采用薄层色谱法（thin layer chromatography，TLC），操作复杂，重现性差，2010年版改用HPLC法，不仅较好地解决了薄层色谱法检验中虽能检出杂质斑点，但无法准确定量的问题，而且可以准确定量红霉素A、红霉素B、红霉素C组分及其有关物质。

3）含量测定中的应用

HPLC法具有分辨率高、分析速度快、重复性好、样品用量低、自动化程度高等优点，在定量测定时极具优势，《中国药典》2010年版（二部）含量测定采用高效液相色谱法的标准由2005年版的359个增加至694个，其中大部分是反相色谱，也有吸附色谱、离子交换色谱等。《美国药典》第19版（1975年）首次收载HPLC作为法定分析方法时只有6个项目，第20版收载了80项，第21版增至418项，第22版增至

1441项，目前收载的项目已超过2000项。1995年版《中国药典》中诺氟沙星胶囊的含量测定用非水滴定法，检验中发现，用该方法检验合格的样品，用HPLC法复检时含量仅20%~30%，经调查系操作人员操作不当所致，所以自2000年版改用HPLC法后，提高了同时定性和定量检测方法的准确度。

4）中药成分检验

中药是一个多成分的复杂体系，通过各成分之间的配伍组合，达到最佳治疗效果。由于成分多样和复杂，成分分析较为困难。HPLC法可以将各成分或待测成分与其他杂质进行有效分离，达到进行鉴别、检查、含量测定的目的。近些年，HPLC法在中药检验中应用越来越广泛，《中国药典》2010年版（一部）收载的成分检验方法以HPLC法为主。HPLC法作为现代药物分析中最高效、快捷的方法之一，在中药检验领域的广泛应用大大促进了中药质量的标准化与规范化的进程。

5）手性药物分析

由于药物对映体的物理化学性质相同，运用常规HPLC法分离它们比较困难，如大多数氨基酸都有右旋体和左旋体，但往往只能获得右旋体和左旋体的混合物（消旋体）。手性药物往往具有一种对映体具有强的生物活性和药效而另一种却无效甚至有毒性的现象。近年来，手性药物的拆分定量分析、深入研究的报道明显增多。手性色谱法有直接法和间接法。直接法不需要做衍生化反应，直接利用手性色谱柱或手性流动相进行分离。间接法是将手性固定相引入不对称（即手性）环境，使欲拆分的对映体（样品）、手性作用物（如固定相）和手性源形成一个非对映异构分子的络合物。常用的手性固定相有：①Pirkle型手性固定相，由美国学者Pirkle主持研制的，在分离的过程中，化合物与固定相之间发生π-π电荷转移相互作用，此类固定相为电荷转移型手性固定相；②蛋白质类手性固定相，蛋白质是由手性亚基团氨基酸组成的大分子物质，蛋白质类手性固定相是将蛋白质通过氨基酸键合到硅胶上而制成；③多糖类手性固定相，如环糊精，可根据分子中葡萄糖单元个数的不同分为α、β、γ三类，分别由6个、7个、8个D-吡喃葡萄糖组成，将环糊精分别通过硅烷链连接在硅胶表面构成手性固定相；④冠醚类手性固定相等。手性流动相可分为：①配体交换型手性添加剂，由手性配基和含二价金属离子的盐组成。手性配基多为具有光学活性的氨基酸及其衍生物，它们和二价金属离子螯合，分布于流动相中，遇到待分离的对映异构体时即形成配合物，再在流动相和固定相之间分配而实现分离；②环糊精添加剂；③手性离子对添加剂，如(+)-10-樟脑磺酸、奎宁等。

魏薇（2013）采用RP-HPLC测定木豆叶中球松素、球松素查耳酮、木豆素C及木豆芪酸含量，结果表明该方法线性范围适中、检测限（limit of determination，LOD）及定量限（limit of quantitation，LOQ）低、灵敏度高、重现性好，可以作为木豆叶中球松素、球松素查耳酮、木豆素C及木豆芪酸的分离及定性、定量分析的科学依据。张谖（2010）开发了一种快速、灵敏的同时分离测定木豆根中染料木素、芹菜素的RP-HPLC方法，结果表明该方法线性范围适中、检测限及定量限低、灵敏度高、重现性好，适用于木豆根及其他植物提取物中染料木素、芹菜素的分离及定性、定量分析。

2.1.2　液质联用色谱法

液相色谱-质谱（liquid chromatography-mass spectrometry，LC-MS）联用技术是20世纪90年代发展起来的以HPLC为分离手段、MS为检测器的综合分析技术，集LC的高分离能力与MS的高灵敏度于一体。LC可以直接分离不挥发性化合物、极性化合物和大分子化合物（包括蛋白质、多肽、多糖和多聚物等），分析范围广且不需要衍生化步骤；MS作为理想的检测器，不仅具有高度特异性且具有极高的检测灵敏度。针对研究对象，LC-MS不仅具有足够的灵敏度选择性，同时还能给出一定的结构信息，分析快速且方便，具有其他分析方法所不能比拟的优点。随着各种离子化技术的不断出现，LC-MS联用技术在药物分析、生物、医学等领域的地位越来越重要，在许多领域正在取代经典的GC-MS。

LC-MS联用仪主要由高效液相色谱仪、质谱仪、接口装置（HPLC与MS之间的连接装置，同时也是电离源）组成。混合样品通过液相色谱系统进样，由色谱柱分离，从色谱仪流出的被分离组分依次通过接口进入质谱仪的离子源处并被离子化，然后离子被聚焦于质量分析器中，根据质荷比的不同而分离，分离后的离子信号被转变为电信号，传递至计算机数据处理系统，根据质谱峰的强度和位置对样品的成分和结构进行分析。串联质谱（MS/MS）联用碰撞诱导解离（collision-induced dissociation，CID）技术能够针对不同的分析物给出详细的结构信息（Abad-García et al.，2009）。三重四极杆（triple quadrupole，TQ）-CID-MS/MS在选择反应监测（selected reaction monitoring，SRM）或多反应监测（multiple response monitoring，MRM）模式下检测，具有极高的选择性和灵敏度，尤其适用于植物或生物样品中目标成分的定量分析。

刘威（2010）建立了一种高效、灵敏、准确的定性、定量分析检测木豆叶中芹菜素、木犀草素、异鼠李素、牡荆苷、异牡荆苷、荭草苷、cajanol和染料木苷的LC-MS/MS方法。在分析物中，牡荆苷、异牡荆苷和染料木苷是一组同分异构体；异鼠李素和cajanol也具有相同的分子量和非常相似的结构。因此，实现它们的分离和准确测定非常困难。该方法灵敏度高、选择性强、精密度高、重现性好、快速高效，适用于木豆叶中黄酮类成分的定性、定量分析和木豆叶的质量控制。

2.1.3　薄层色谱法

薄层色谱法又称层析法，是一种依据物质性质（溶解性、极性、离子交换能力、分子大小等）的不同，当流动相携带样品流经固定相时，样品各组分在两相中不断重新分配，最终达到分离与提纯，以便对样品进行定性和定量分析的分析方法。1938年苏联人首先实现了氧化铝薄层上分离一种天然药物。薄层色谱法因设备简单、分析速度快、分离效率高、结果直观，很快被用作定性和半定量分析方法。

黄酮类化合物在紫外灯下通常都能看到有色斑点，故可利用适当展开剂展开后，与对照品点进行对比。硅胶薄层色谱常用于鉴定弱极性和中等极性的黄酮类化合物。常用的展开剂有甲苯-甲酸甲酯-甲酸（5：4：1）、苯-甲醇（95：5）、苯-甲醇-乙酸（35：5：5）、氯仿-甲醇（8.5：1.5，7：0.5）、甲苯-氯仿-丙酮（40：25：35）、丁醇-吡啶-甲酸（40：10：2）、苯-丙酮（9：1）、苯-乙酸乙酯（7.5：2.5）等。陈鑫（2011）经过多次筛选，最终确定的展开剂为苯-乙酸乙酯-丙酮-甲酸-水（3：4：2：0.7：0.3）。在此展开剂条件下，牡荆苷对照品点的值约为0.5，并与其他点充分分离。吸取上述牡荆苷对照品溶液、对照木豆叶溶液和供试品溶液各适量，分别点于同一硅胶薄层板上，以苯-乙酸乙酯-丙酮-甲酸-水（3：4：2：0.7：0.3）为展开剂，展开，取出，晾干，置紫外灯（254nm）下检视。供试品薄层色谱中，在与对照品和对照药材色谱相应的位置上，显相同颜色的斑点。

2.1.4　气相色谱法

气相色谱法（gas chromatography，GC）是英国生物化学家Martin等在研究液-液分配色谱的基础上，于1952年创立的一种极有效的分离方法，它可分析和分离复杂的多组分混合物。目前由于使用了高效能的色谱柱、高灵敏度的检测器及微处理机，使得气相色谱法成为一种分析速度快、灵敏度高、应用范围广的分析方法，如气相色谱-质谱（gas chromatography-mass spectrometry，GC-MS）联用、气相色谱-傅里叶变换红外光谱（gas chromatography-Fourier transform infrared spectroscopy，GC-FTIR）联用、气相色谱与原子发射光谱（gas chromatography-atomic emission spectroscopy，GC-AES）联用等。气相色谱的分离原理是当载气携带样品进入色谱柱时，基于不同组分在两相间溶解或吸附能力的不同（分配系数不同），当两相做相对运动时，试样中各组分就在两相中进行反复多次的分配，使得原来分配系数只有微小差异的各组分产生很大的分离效果，从而各组分彼此得以分离开来。

2.1.5　指纹图谱法

中药色谱指纹图谱是一种综合的、可量化的色谱鉴定手段，其特点是可以有效鉴别样品的真伪，评价原料药材、半成品和成品质量的均一性和稳定性。指纹图谱具有"整体性"和"模糊性"的特性，建立中药指纹图谱的主要目的是通过获得具有指纹意义的特征组分，以达到对药材饮片或成方方剂内含物质群的整体进行控制的目的。因此，指纹图谱建立的原则应从色谱峰的整体性出发，找出的确能构成指纹特征的色谱峰的峰号、峰位、峰数。中药指纹图谱技术以指标性成分峰作为标记，结合非指标成分峰进行比对，用来综合评价药物质量，非常符合中医药理论的整体观点。药材因采集时间、产地不同，其含量、成分也有差异，运用中药指纹图谱和指标成分定量相结合的方式，既可以完善表述中药的整体特征，又有别于西药单一成分定量的质量控制模式。

孙琳（2011）建立了木豆叶指纹图谱并对木豆叶指纹图谱的相似度进行了评价。建立木豆叶指纹图谱在国内外鲜有文献报道，不仅具有理论意义，而且具有实用价值。

2.2 高效液相色谱法实验

2.2.1 实验材料和仪器

实验材料和仪器见表2-1。

表2-1 材料和仪器

名称	规格或型号	生产厂家
高效液相色谱仪	Agilent 1100	美国Agilent公司
二元泵	Agilent G1312A	美国Agilent公司
脱气机	Agilent G1379A	美国Agilent公司
色谱柱	Agilent Eclipse XDB-C18	美国Agilent公司
水纯化系统	Milli-Q	美国Millipore公司
HIQ Sil C18V反相色谱柱	5μm，内径250mm×4.6mm	日本KYA公司
高速离心机	22R型	德国Heraeus Sepatech公司
数控超声机	KQ-250DB型	昆山市超声仪器有限公司
电子天平	AB104型	瑞士Mettler-Toledo公司
烘干箱	WK891型	重庆四达实验仪器厂
旋转蒸发仪	RE-52AA	上海青浦沪西仪器厂
球松素（PI）	纯度>98%	自制
球松素查耳酮（PIC）	纯度>98%	自制
木豆素C（LLC）	纯度>98%	自制
木豆芪酸（CSA）	纯度>98%	自制
甲醇	色谱级	百灵威
甲酸	色谱级	天津市科密欧化学试剂
乙酸	色谱级	天津市科密欧化学试剂
乙醇	分析纯	哈尔滨化工试剂厂
微孔滤膜	孔径0.45μm	上海市新亚净化器厂
木豆叶	生药	海南儋州

2.2.2　实验方法

1. 标准溶液的配制

分别精密称取球松素（PI）、球松素查耳酮（PIC）、木豆素C（LLC）、木豆芪酸（CSA）对照品10mg，置于10mL的容量瓶中，用色谱甲醇稀释定容，充分摇匀，作为储备液，然后分别取浓度为1mg/mL的各储备液5000μL、1000μL、500μL、200μL、100μL、50μL、10μL于10mL容量瓶中，各加流动相定容，分别得到浓度500μg/mL、100μg/mL、50μg/mL、20μg/mL、10μg/mL、5μg/mL、1μg/mL的一系列标准溶液。再分别用0.45μm微孔滤膜过滤，备用。

2. 样品溶液的配制

将烘箱调至60℃，取新鲜木豆叶，冲洗干净，并置于烘箱中干燥，粉碎，备用。精确称取木豆叶粉末10g，加入80%乙醇溶液200mL于室温超声提取3次，每次30min，过滤提取液后合并，置于旋转蒸发仪45℃浓缩，定容后用0.45μm微孔滤膜过滤，备用。

3. 液相色谱条件

流动相组成确定为0.1%甲酸水溶液（A）-甲醇（B），梯度洗脱条件：0~15min，77%~80%（B）；15~20min，80%~90%（B）；20~22min，90%~100%（B）。流速：1.0mL/min，进样量：5μL。

4. 方法学验证

从线性、检测限、定量限、分析物的定性定量、重现性、精密度、稳定性、回收率几个方面对建立的分析方法进行方法学验证。

标准曲线的线性由测定对照品获得，每条标准曲线由8个不同浓度组成，峰面积为3次重复进样测得的平均值。检测限定义为信号高度为噪声3倍时对应的浓度，定量限定义为信号高度为噪声10倍时对应的浓度。

通过测定保留时间和峰面积的日内及日间变化来测定方法的精密度。精确称取1.0g木豆叶，按照"2."和"3."部分所述方法进行样品制备和测定。通过样品1天内重复进样6次来测定日内变化，每次3个平行；通过样品连续3天进3次来测定日间变化，每次3个平行。计算保留时间和峰面积的相对标准偏差（relative standard deviation，RSD）考察方法的精密度。

通过在木豆叶样品中加入对照品进行回收率的测定。1.0g木豆样品分别加入已知量的球松素、球松素查耳酮、木豆素C、木豆芪酸对照品，按照"2."和"3."部分所述方法进行样品制备和测定，计算回收率。

2.2.3　结果与讨论

1. 色谱条件的优化

为保证对分析物检测获得最大紫外吸收和最小干扰，提高定量分析的精密度和准确度，实验中采用高效液相色谱法-光电二极管阵列检测（HPLC-photodiode array detection，HPLC-PAD）全波长检测器对样品进行220~400nm全波长扫描，从而确定检测波长。PI、PIC、LLC、CSA标准品的紫外吸收光谱如图2-1所示。

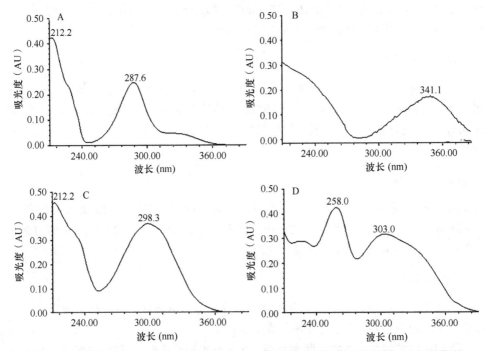

图 2-1　球松素（A）、球松素查耳酮（B）、木豆素C（C）及木豆芪酸（D）的紫外吸收光谱图

从图2-1可以看出，球松素的最高紫外吸收出现在287.6nm，球松素查耳酮的最高紫外吸收在341.1nm，木豆素C在298.3nm下有最大吸收，而木豆芪酸的紫外吸收峰有两个，258.0nm和303.0nm，其中258.0nm下吸收值最大，因此分别选择287.6nm、341.1nm、298.3nm及258.0nm作为检测波长。

在色谱条件中，流动相的组成是影响分离效果的一个很重要的因素。在实验过程中，根据目标化合物的化学性质及TLC色谱特征，结合黄酮类和芪类化合物的RP-HPLC的特性，尝试了不同流动相体系包括乙腈-水、甲醇-水等，并考察了在流动相中加入乙酸、甲酸等调pH和极性对色谱峰分离的影响。结果表明，甲醇-水体系的色谱峰形及对称性更好，另外向流动相中加入0.1%甲酸可以降低色谱柱压力，改善峰形，防止拖尾，并且不影响以上4种化合物的稳定性，达到较好的基线分离且平稳。因此，流动相组成确定为0.1%甲酸水溶液（A）-甲醇（B），梯度洗脱条件：0~15min，77%~80%（B）；15~20min，80%~90%（B）；20~22min，90%~100%（B）。在此条件下，PI、PIC、LLC、CSA标准品的色谱图如图2-2所示。

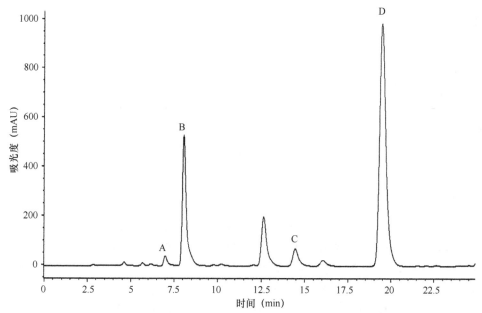

图2-2 PIC（A）、PI（B）、LLC（C）、CSA（D）标准品的色谱图

检测波长：340nm（PIC）、289nm（PI）、300nm（LLC）、259nm（CSA）

从图2-2中可以看到，在22min内达到基线分离，峰形对称，分离效果良好。标准品球松素查耳酮、球松素、木豆素C、木豆芪酸的保留时间分别为6.908min、8.039min、14.523min及19.720min。

在上述优化的色谱条件下，将2.2.2节"2."制备得到的样品溶液进行HPLC-UV分析检测，色谱图如图2-3所示。从图2-3中可以看出，4个目标化合物与其他杂质的基线分离且分离度良好。

2.方法学验证

HPLC-UV方法学的确认由以下几个方面组成：线性、检测限、定量限、分析物的定性定量、重现性、精密度、稳定性、回收率。

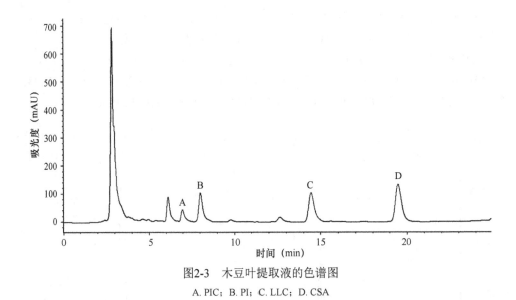

图2-3　木豆叶提取液的色谱图

A. PIC；B. PI；C. LLC；D. CSA

1）线性范围、检测限及定量限的测定

检测限和定量限是指样品中被检测物质能被检测出的最低浓度和能被定量的最低浓度，通常以3倍的信噪比为检测限（LOD）、10倍的信噪比为定量限（LOQ）。在实验中，吸取目标化合物对照品储备液，分别配制成0.5~500μg/mL的一系列浓度的标准溶液，分别逐级稀释进行HPLC检测，直到检测最小浓度。每个样品检测重复3次，得峰面积，取平均值，分别根据上述标准品的浓度和峰面积，绘制出标准曲线。标准曲线的相关数据见表2-2。

表2-2　球松素、球松素查耳酮、木豆素C及木豆芪酸回归数据、检测限和定量限（n=6）

分析物	标准曲线	R^2	线性范围（μg/mL）	检测限（μg/mL）	定量限（μg/mL）
CSA	Y=38 248X+1 118.8	0.999 4	2.5~320	0.24	0.95
PI	Y=33 281X+1 086.7	0.998 8	2.5~325	0.33	1.33
PIC	Y=9 598.8X+1 480.9	0.999 5	0.2~300	0.41	1.47
LLC	Y=11 341X+1 278.5	0.999 8	2.2~280	0.32	1.28

注：Y是分析物与内标物峰面积的比值，X是分析物的浓度（μg/mL）

从表2-2中可以看出，在标准品测定的浓度范围内，球松素、球松素查耳酮、木豆素C及木豆芪酸均显出很好的线性关系（$R^2 \geqslant 0.9988$）。此外，4个目标化合物的检测限和定量限都比较低，这充分说明了该方法的灵敏性。

2）检测方法的精密度、重现性、稳定性

分别取已制备好的目标化合物标准溶液，重复进样6次，对峰面积和保留时间分别计算RSD。球松素、球松素查耳酮、木豆素C及木豆芪酸的峰面积和保留时间的RSD结果见表2-3。

表2-3　球松素、球松素查耳酮、木豆素C及木豆芪酸重现性数据（n=6）（%）

化合物	保留时间RSD	峰面积RSD
PI	0.24	3.85
PIC	0.32	2.96
LLC	0.26	3.32
CSA	0.34	4.35

通常用日内精密度和日间精密度来表示HPLC-UV方法的精密度，考察日内精密度的方法是：在上述色谱条件下，一天内重复进样6次，计算峰面积及保留时间的RSD；考察日间精密度的方法是：每天重复进样3次连续3天，计算峰面积及保留时间的RSD。结果见表2-4。结果表明精密度良好（RSD均小于5.0%）。

表2-4　球松素、球松素查耳酮、木豆素C及木豆芪酸的精密度数据（n=6）（%）

分析物	日内精密度		日间精密度	
	保留时间RSD	峰面积RSD	保留时间RSD	峰面积RSD
PI	0.24	4.42	0.31	4.73
PIC	0.46	3.82	0.28	4.25
LLC	0.39	3.75	0.37	3.53
CSA	0.35	2.81	0.44	3.24

3）加样回收率

通过在木豆叶样品溶液中加入相应目标化合物标准品进行回收率的测定。准备2份样品溶液，再加入一定量的标准品，每个样品溶液重复进样6次，结果见表2-5。

表2-5　球松素、球松素查耳酮、木豆素C及木豆芪酸在木豆样品溶液中的加样回收率（n=6）

分析物	加入量（mg）	回收率（%）	RSD（%）
PI	0.416	97.67	2.14
	0.752	99.22	
PIC	0.215	99.76	3.28
	0.385	100.93	

续表

分析物	加入量（mg）	回收率（%）	RSD（%）
LLC	0.402	98.55	3.87
	0.751	97.36	
CSA	1.038	99.38	3.35
	1.745	101.82	

结果显示，4个目标化合物的加样回收率在97.36%~101.82%，RSD均小于4%，表明该检测方法具有良好的回收率。

2.2.4　本节小结

建立了RP-HPLC分析检测木豆叶中球松素、球松素查耳酮、木豆素C及木豆芪酸的色谱条件：

色谱柱：HIQ Sil C18V（5μm，内径250mm×4.6mm），流动相组成确定为0.1%甲酸水溶液（A）-甲醇（B），梯度洗脱条件：0~15min，77%~80%（B）；15~20min，80%~90%（B）；20~22min，90%~100%（B）。流速：1.0mL/min，检测波长：287.6nm、341.1nm、298.3nm及258.0nm，进样量：5μL，柱温：30℃。

在最优的检测条件下，目标化合物在测定的范围内线性关系良好，标准曲线R^2均大于或等于0.9988。HPLC分析方法的精密度和重复性RSD均小于5%，稳定性小于5%，加样回收率97.36%~101.82%，RSD小于4%。

本节建立的RP-HPLC分析方法精密度高、重复性好、稳定性强、回收率高，适用于检测木豆叶提取液及制剂中的球松素、球松素查耳酮、木豆素C及木豆芪酸的定性、定量分析，为其检测开发提供了简单快捷的方法。

2.3　液质联用色谱法实验

2.3.1　实验材料和仪器

实验材料和仪器见表2-6。

表2-6　材料和仪器

名称	规格或型号	生产厂家
高效液相色谱仪	Agilent 1100	美国Agilent公司
二元泵	Agilent G1312A	美国Agilent公司
手动进样器	Agilent 7725i	美国Agilent公司
脱气机	Agilent G1379A	美国Agilent公司
三重四极杆质谱仪	API3000	加拿大Applied Biosystems公司

续表

名称	规格或型号	生产厂家
HiQ Sil C18V反相色谱柱	5μm，内径250mm×4.6mm	日本KYA公司
预柱	KJ0-4282 C18	美国Phenomenex公司
水纯化系统	Milli-Q	美国Millipore公司
高速离心机	22R型	德国Heraeus Sepatech公司
数控超声机	KQ-250DB型	昆山市超声仪器有限公司
电子天平	AD104型	瑞士Mettler Toledo公司
烘干箱	WK891型	重庆四达实验仪器厂
旋转蒸发仪	RE-52AA	上海青浦沪西仪器厂
粉碎机	HX-200A	永康市溪岸五金药具厂
芹菜素	≥95％	美国Sigma-Aldrich公司
木犀草素	≥98％	美国Sigma-Aldrich公司
异鼠李素	≥95％	美国Sigma-Aldrich公司
染料木苷	≥96％	美国Sigma-Aldrich公司
牡荆苷	≥98％	瑞士Fluka公司
cajanol	≥95％	法国Extrasynthese公司
异牡荆苷	≥98％	自制
荭草苷	≥95％	自制
甲醇	色谱纯	百灵威
甲酸	色谱纯	天津市科密欧化学试剂
甲醇	分析纯	沈阳东兴试剂厂
微孔滤膜	孔径0.45μm	上海市新亚净化器厂
木豆叶	生药	海南省东方市

2.3.2　实验方法

1. 标准溶液的配制

分别精密称取芹菜素等8种对照品置于容量瓶中，用色谱甲醇稀释至刻度，摇匀，使之成为芹菜素、木犀草素、异鼠李素、牡荆苷、异牡荆苷、荭草苷、cajanol和染料木苷浓度分别为10μL、10μL、10μL、200μL、50μL、500μL、20μL和10μL的标准储备液。各标准储备液用色谱甲醇稀释至不同浓度，得到一系列标准溶液，标准储备液和标准溶液用0.45μm微孔滤膜过滤，存放于4℃，备用。

2. 样品溶液的配制

木豆叶于秋季采自位于海南省东方市的木豆人工种植基地，由东北林业大学森林植物生态学教育部重点实验室聂绍荃教授鉴定。凭证标本（编号052056001001001）储存于东北林业大学标本室。木豆样品在阴凉处阴干至恒重，粉碎，过目筛，储存于塑料袋中。

取木豆样品5.0g，置于100mL无水甲醇中，浸泡过夜，继续超声提取30min。提取液过滤，残渣用50mL甲醇超声提取30min。提取完成后，合并上清液，55℃负压浓缩至干，用2mL色谱甲醇溶出。提取物用色谱甲醇继续稀释至合适浓度，0.45μm微孔滤膜过滤，备用。

3. 液相色谱条件

流动相由甲醇（A）和0.1%甲酸水溶液（B）组成，梯度洗脱条件：0~6min，47%（A）；6~15min，47%~9%（A）；15~25min，9%（A）；25~30min，9%~47%（A）。柱温：30℃，流速：0.7mL/min，进样体积：10μL。

4. 质谱条件

API3000三重四极杆质谱仪的操作在负离子模式下进行，8种黄酮类成分的MS谱图由直接注射对照品溶液获得。电喷雾离子源（electrospray ion source，ESI）条件如下：雾化气、气帘气、碰撞气分别为12psi、10psi和6psi；驻留时间1.5s；离子化电压-4500V；离子源温度300℃；聚焦电压和碰撞室入口电压分别为-375V和-10V。本研究分别针对每种化合物对其他检测8种黄酮类成分的CID-MS/MS参数包括去簇电压、碰撞能量和碰撞室出口电压进行了优化，结果见表2-7。采用Analyst Software（1.4版本）进行数据处理。

表2-7　8种黄酮类成分的质谱检测条件

分析物	去簇电压（V）	碰撞能量（V）	碰撞室出口电压（V）	多反应监测（amu）
芹菜素	-150	-47	-5	269.0→117.0
木犀草素	-20	-50	-6	284.8→133.0
异鼠李素	-50	-45	-13	315.1→151.0
牡荆苷	-30	-49	-6	431.0→283.0
异牡荆苷	-30	-49	-6	431.0→283.0
荭草苷	-60	-28	-8	447.3→327.0
cajanol	-46	-21	-9	315.1→178.9
染料木苷	-105	-39	-6	431.3→268.0

5.方法学验证

从线性、检测限、定量限、精密度和回收率几个方面对建立的分析方法进行方法学验证。

标准曲线的线性由测定对照品获得，每条标准曲线由8个不同浓度组成，峰面积为3次重复进样测得的平均值。检测限定义为信号高度为噪声3倍时对应的浓度，定量限定义为信号高度为噪声10倍时对应的浓度。

通过测定保留时间和峰面积的日内及日间变化来测定方法的精密度。精确称取1.0g木豆叶，按照2.3.2节"2.~5."中所述方法进行样品制备和测定。通过样品1天内重复进样6次来测定日内变化，每次3个平行；通过样品连续3天进样3次来测定日间变化，每次3个平行。计算保留时间和峰面积的RSD考察方法的精密度。

通过在木豆叶样品中加入对照品进行回收率的测定。1.0g木豆样品分别加入已知量的芹菜素、木犀草素、异鼠李素、牡荆苷、异牡荆苷、荭草苷、cajanol和染料木苷对照品，按照2.3.2节"2.~5."中所述方法进行样品制备和测定，计算回收率。

2.3.3　结果与讨论

1.色谱条件的优化

对于黄酮类成分的分离，合适的流动相体系和洗脱程序非常重要。因为分析物的分离和电离程度主要受流动相性质的影响，在液相色谱-大气压电喷雾电离-质谱（liquid chromatography-atmospheric pressure electrospray ionization-mass spectrometry，LC-AP-ESI-MS）分析中，优化流动相的组成尤为重要。

我们之前的研究发现，牡荆苷和异牡荆苷在甲醇-水体系中分离良好。对于黄酮苷元的分离，如芹菜素、木犀草素、异鼠李素等，甲醇-水体系和乙腈-水体系均有文献报道（Lai et al.，2007；Justesen，2000）。在本研究中，甲醇因为其对分析物更好的溶解性和较低的价格被用作流动相中的有机相。在甲醇-水体系下，木豆样品在反相C18柱上得到了很好的分离。本研究考察了在流动相中加入0.5%、0.1%、0.05%和0.01%甲酸对黄酮类化合物分离的影响，结果表明加入0.1%甲酸起到了改善峰形和防止拖尾的效果。此外，梯度洗脱和等度洗脱的对比结果表明，在梯度洗脱条件下8种黄酮类成分的分离明显优于等度洗脱，MS/MS检测的灵敏度更高。

因此甲醇-0.1%甲酸水溶液确定为最终的流动相组成，在此条件下梯度洗脱，8种分析物实现了基线分离并且离子化良好。在优化的条件下，在日内及日间进行了多次进样分析，荭草苷、染料木苷、牡荆苷、异牡荆苷、木犀草素、芹菜素、异鼠李素和cajanol的保留时间分别为4.59min、5.79min、6.48min、6.89min、12.96min、13.39min、13.69min和13.86min。8种黄酮类成分的洗脱顺序有如下规律：

（1）极性大的物质首先流出，顺序为黄酮（异黄酮）糖苷、黄酮、黄酮醇及二氢异黄酮。

　　（2）在同类化合物中：①随着羟基个数的增加保留时间缩短；②如果化合物中含有非极性的取代基，如甲氧基，保留时间增加；③如果化学结构中含有糖，则比其对应的苷元较早洗脱下来。

2. 黄酮类成分的质谱检测

　　目前，配有电喷雾离子源（ESI）的三重四极杆质谱仪由于其高选择性和高灵敏度已经成为同时检测多个组分的最有效的仪器。三重四极杆（TQ）在用于碰撞诱导解离串联质谱（CID-MS/MS）分析时表现尤为出色。低能量CID-MS/MS分析通常由以下几个步骤组成。

　　首先，在第一重四极杆（Q1）中分离先驱离子（质量选择，MS1）；然后，先驱离子在碰撞室中与气体原子进行碰撞产生碎片离子，即低能量碰撞诱导解离；最后，在第三重四极杆（Q3）中进行碎片离子的扫描（MS2）。多反应监测（MRM）分析通过选择特异的先驱离子-碎片离子对实现。因此，CID-MS/MS分析对选择的分析物能够产生特异、灵敏的响应，可以用来在简单的一维的色谱分离中对目标化合物进行色谱峰的检测和整合。这种基于质谱的方法可以用来对检测物进行完全结构解析和定量分析。

　　本研究分别在正离子和负离子模式下对8种黄酮类成分进行了ESI-MS扫描。为了获得同时检测8种化合物的质谱信息，进行了直接用对照品进样的实验。在m/z 10~1000amu进行全扫描，驻留时间1.5s。结果表明，在负离子模式下选择性更强、灵敏度更高。因此，选择负离子模式进行8种黄酮类成分的检测。

　　在正离子模式下进行ESI-MS分析，通常在流动相中加入甲酸、乙酸等弱酸。通常认为在正离子模式下弱酸的存在会有助于分析物的质子化。因此，不难推测在负离子模式下加入碱会促进分析物的去质子化（Cech and Enke，2001）。但是，已有研究表明，负离子模式下的ESI-MS检测，挥发性碱，如氢氧化铵会导致低的检测限和在甲醇和水溶液中的不稳定性。反之，低浓度弱酸增强了分析物的负离子ESI响应（Wu et al.，2004）。本研究发现，流动相中加入0.1%甲酸显著增加了黄酮类成分在负离子模式下的信号响应。这种信号加强可能是由甲酸较高的气相质子吸引力和较小的分子体积导致的，这两个因子均有助于ESI过程（Wu et al.，2004）。这一发现与他人的研究结果相符，他们的研究也表明低浓度的甲酸对增强负离子模式下分析物的响应有效（Cuyckens and Claeys，2002；Shen et al.，2005）。

　　为了优化各个分析物的多反应监测条件，8种分析物的标准溶液用针泵在0.5μL/min 流速下注入ESI。优化ESI参数以获得足够的MS信号对分析物的检测非常重要。因此，分别研究了多个ESI参数包括去簇电压、聚焦电压和碰撞能量对分析物信号强度的影响。通常来说，去簇电压和聚焦电压越高，在质谱分析区域注入离子的能量越强。这个能量用于去簇离子及降低噪声，以获得灵敏度的增加。然而，电压高于最优值将会导致离子在进入质量过滤器之前就发生破碎，使灵敏度降低。此外，基于每个分析物的电荷状态和先驱离子的质量，对碰撞能量进行了手动优化，以期获得主要碎片离子的最高丰度和信息量最大的碎片谱图。

实验发现，在负离子模式下8种黄酮类成分的ESI-MS谱图中有1个统治性的去质子化分子[M-H]⁻，8种分析物的碎片离子扫描结果见图2-4。CID-MS/MS分析结果表明，芹菜素产生1个主要的碎片离子[M-H-C₇H₄O₄]⁻（m/z 117.0），这是由芹菜素分子C环上1/3位的断裂引起的（图2-4A）。因此，选择MRM离子对m/z 269.0→117.0进行芹菜素的鉴定和定量分析。与此相似，选择MSM离子对m/z 284.8→133.0、m/z 315.1→151.0、m/z 431.0→283.0、m/z 431.0→283.0、m/z 447.3→327.0、m/z 315.1→178.9和m/z 431.3→268.0分别检测木犀草素、异鼠李素、牡荆苷、异牡荆苷、荭草苷、cajanol和染料木苷（图2-4B~H）。

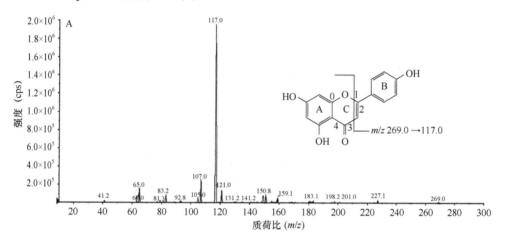

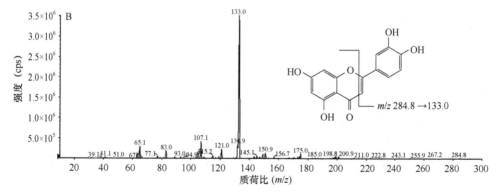

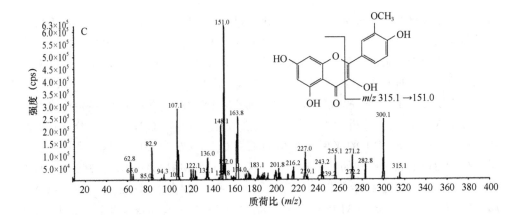

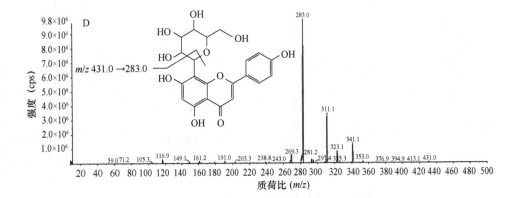

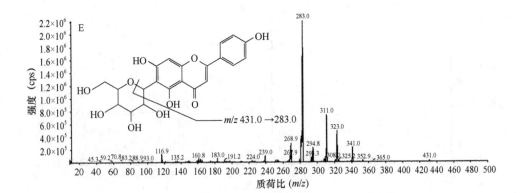

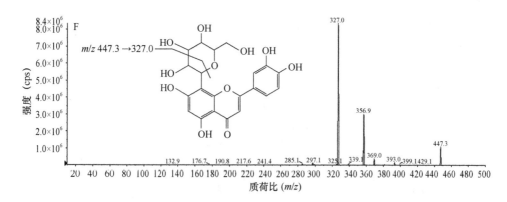

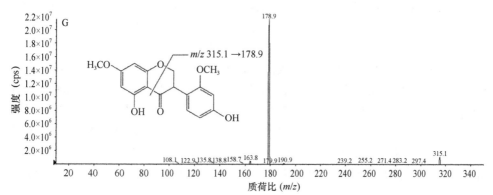

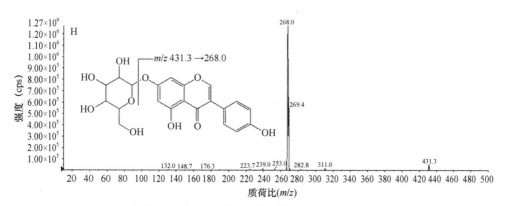

图2-4 木豆中8种黄酮类成分的ESI-MS谱图

A. 芹菜素；B. 木犀草素；C. 异鼠李素；D. 牡荆苷；E. 异牡荆苷；F. 荭草苷；G. cajanol；H. 染料木苷

采用Domon和Costello（1988a，1988b）提出的用于糖复合物的命名法表示黄酮（异黄酮）氧苷和碳苷的碎片离子（图2-5）。含有苷元的离子标记为$^{k,l}X_j$、Y_j、Z_j，其中j表示糖苷键断裂的数目，从苷元数起；上标字母k和l表示糖环的断裂位置。

连接聚糖和苷元的糖苷键标记为0位。当电荷保留在糖残基上，碎片标$^{k,l}A_j$和B_j其中j（≥1）表示断裂的糖苷键的数目，从非还原末端数起。

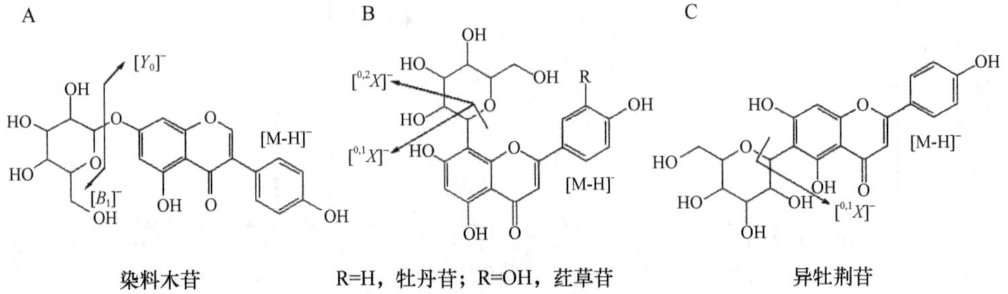

A　　　　　　　　　　　　　　B　　　　　　　　　　　　　　C

染料木苷　　　　　　R=H，牡丹苷；R=OH，荭草苷　　　　　　异牡荆苷

图2-5　MS/MS分析中用Domon和Costello（1988a，1988b）命名法表示的黄酮（异黄酮）氧苷和碳苷去质子化分子的断裂方式

对于氧苷染料木苷，我们发现较低碰撞能量即能实现有效的CID-MS/MS分析。碰撞能量（-39V）足够产生主要碎片离子$[Y_0]^-$（m/z 268），这是由糖苷键的断裂和H重排导致的单糖残基$[B_1]^-$离子去除产生的（图2-5A）。前人的糖化学ESI-MS研究表明，氧苷中糖苷键比苷元中任一键都要弱。因此，典型的黄酮（异黄酮）氧苷的CID断裂方式为糖苷键的断裂，导致糖部分去除，电荷保留在苷元碎片上。牡荆苷、异牡荆苷和荭草苷等黄酮碳苷中，糖直接通过C—C键连接在C_6—C_3—C_6苷元骨架，C—C键对酸水解稳定。因此，牡荆苷、异牡荆苷和荭草苷的CID-MS/MS分析与氧苷相比需要更高的能量（-49V和-48V），主要的断裂发生在糖上，这是分子中最弱的键。ESI(-)-CID-MS/MS谱图显示主要的碎片离子为$[^{0,1}X]^-$和$[^{0,2}X]^-$，这是由Cl″—O的断裂产生的（图2-5B、C）。

通过选择染料木苷、牡荆苷和异牡荆苷不同的MRM离子对，结合它们不同的保留时间，可以实现这3个异构体的区分确认。相似地，虽然异鼠李素和cajanol具有相同的分子量，它们不同的断裂方式可以用来区分它们。

3. 方法学验证

用外标法对8种黄酮类成分进行定量分析，标准曲线的范围为10~5000ng/mL。峰面积为3次重复进样的平均值。标准曲线数据、检测限、定量限数据见表2-8。从表2-8可以看到，所有的标准曲线均表现出良好的线性关系，在检测浓度范围内相关系数均大于0.9937。检测限和定量限分别小于等于1.69ng/mL和6.28ng/mL，可以看出8种黄酮类成分的检测限和定量限很低，显示了该方法的高度灵敏性。8种黄酮类成分的加样回收率均在95%~105%（表2-9），显示了该方法的高度准确性。

表2-8　8种黄酮类成分的回归数据、检测限及定量限

分析物	标准曲线方程	R^2	线性范围（ng/mL）	检测限（ng/mL）	定量限（ng/mL）
芹菜素	$y=673.5x+41.4$	0.9974	10~100	1.45	5.87
木犀草素	$y=764.8x-124.2$	0.9938	10~100	1.24	4.36
异鼠李素	$y=215.3x+82.9$	0.9969	10~100	1.69	6.28
牡荆苷	$y=417.5x-70.8$	0.9955	200~2000	0.89	3.93
异牡荆苷	$y=599.1x+251.7$	0.9937	50~500	0.86	3.75
荭草苷	$y=378.3x+93.0$	0.9941	500~5000	1.32	5.91
cajanol	$y=489.2x-56.5$	0.9989	10~200	1.47	5.62
染料木苷	$y=453.6x+37.9$	0.9973	10~100	0.94	4.59

表2-9　8种黄酮类成分的回收率

分析物	初始量（mg）	加入量（mg）	检测量（mg）	回收率（%）	RSD（%）
芹菜素	0.143	0.189	0.329	98.41	2.06
		0.402	0.565	104.98	3.95
木犀草素	0.307	0.356	0.668	101.40	2.83
		0.643	0.967	102.64	2.42
异鼠李素	0.104	0.117	0.218	97.44	3.67
		0.264	0.355	95.08	3.58
牡荆苷	2.613	1.029	3.611	96.99	2.95
		2.295	4.986	103.40	2.62
异牡荆苷	0.425	0.398	0.815	97.99	3.81
		0.823	1.219	96.48	2.14
荭草苷	4.439	1.052	5.448	95.91	2.89
		2.961	7.518	103.99	3.54
cajanol	0.518	0.425	0.934	97.88	3.63
		0.874	1.409	101.95	2.86
染料木苷	0.064	0.112	0.171	95.54	4.26
		0.204	0.262	97.06	4.01

精密度实验结果见表2-10，保留时间和峰面积的日内变化分别小于等于0.42%和2.95%，相应的日间变化分别小于等于0.63%和5.22%。

表2-10　8种黄酮类成分保留时间及峰面积精密度数据（ *n*=3 ）（％）

分析物	日内变化		日间变化	
	保留时间RSD	峰面积RSD	保留时间RSD	峰面积RSD
芹菜素	0.35	2.66	0.28	4.53
木犀草素	0.29	2.38	0.36	3.27
异鼠李素	0.38	2.95	0.63	5.22
牡荆苷	0.39	2.83	0.45	3.92
异牡荆苷	0.26	2.62	0.21	3.86
荭草苷	0.42	2.41	0.47	4.84
cajanol	0.37	2.52	0.35	4.16
染料木苷	0.25	2.29	0.33	3.57

4. 木豆叶样品的测定

将本研究建立的LC-MS/MS方法用于木豆叶中8种黄酮类成分的检测，代表性的MRM色谱图见图2-6。通过与对照品对比保留时间和特征性的先驱碎片离子对进行色谱峰的确认。标准曲线用于8种分析物含量的测定，结果见表2-11。

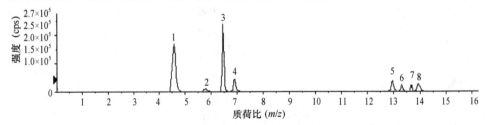

图2-6　木豆叶样品代表性MRM色谱图

1. 荭草苷（*m/z* 447.3→327.0）；2. 染料木苷（*m/z* 431.3→268.0）；3. 牡荆苷（*m/z* 431.0→283.0）；4. 异牡荆苷（*m/z* 431.0→283.0）；5. 木犀草素（*m/z* 284.8→133.0）；6. 芹菜素（*m/z* 269.0→117.0）；7. 异鼠李素（*m/z* 315.1→151.0）；8. cajanol（*m/z* 315.1→178.9）

表2-11　木豆叶中8种黄酮类成分含量

分析物	含量（mg/g）	RSD（%）
芹菜素	0.142	2.56
木犀草素	0.307	2.82
异鼠李素	0.103	3.93
牡荆苷	2.607	3.39
异牡荆苷	0.427	2.95
荭草苷	4.441	3.07
cajanol	0.519	3.58
染料木苷	0.064	4.41

在植物中，黄酮类化合物主要以氧苷形式存在，即苷元上的一个或多个羟基与糖以糖苷键连接。此外，黄酮类化合物主要以氧苷形式存在，即糖与黄酮母核通过C—C键连接。从表2-11可以看出，牡荆苷（芹菜素8-C-葡萄糖苷）、异牡荆苷（芹菜素6-C-葡萄糖苷）、荭草苷（木犀草素8-C-葡萄糖苷）和cajanol在木豆叶中的含量很高。黄酮碳苷具有多种生物及药理活性，包括抗炎、解痉、抗菌、抗病毒、抗氧化、降血脂、辐射保护等。木豆叶具有很好的活性可能与这些成分的高含量有关。此外，异鼠李素和染料木苷在木豆叶中的含量很低，表明建立的LC-MS/MS方法具有很好的灵敏度。

上述实验结果表明，建立的LC-MS/MS方法适用于木豆叶中黄酮类成分的定性、定量分析及木豆叶的质量控制。LC-MS/MS技术的主要优势在于其对目标成分的可靠鉴定及高选择性和灵敏度。

2.3.4　本节小结

本研究建立了LC-MS/MS同时分离检测木豆叶中黄酮类成分的条件。

色谱条件：HiQ Sil C18V反相色谱柱（5μm，内径250mm×4.6mm），流动相为甲醇-0.1%甲酸水溶液，流速：0.7mL/min，进样体积：10μL，柱温：30℃。

多反应监测离子对：芹菜素 m/z 269.0→117.0、木犀草素 m/z 284.8→133.0、异鼠李素 m/z 315.1→151.0、牡荆苷 m/z 431.0→283.0、异牡荆苷 m/z 431.0→283.0、荭草苷 m/z 447.3→327.0、cajanol m/z 315.1→178.9、染料木苷 m/z 431.3→268.0。

在负离子模式下，对木豆叶中的黄酮类成分进行了CID-MS/MS分析，首次实现了8种黄酮类成分的分离、鉴定及定量。本方法选择性强、灵敏度高、精密度高，适用于木豆叶及其他植物中芹菜素等黄酮类成分的分析检测，为植物中黄酮类成分的研究开发提供了快速、准确的测定方法。

参 考 文 献

陈鑫, 2011. 木豆叶活性成分的提取、分离和纯化. 浙江大学硕士学位论文.

程誌青, 吴惠勤, 陈佃, 等. 1992. 木豆精油化学成分研究. 分析测试通报, 5: 002.

国家药典委员会. 2010. 中国药典2010年版(二部). 北京: 中国医药科技出版社.

贾晓斌, 施亚芳, 陈彦, 等. 2002. 复方人参注射液的HPLC指纹谱研究. 中成药, 24(4): 243-245.

李和. 2002. 中药指纹图谱质控及其评价方法. 中药材, 25(4): 290-292.

刘威. 2010. 木豆中具有雌激素样活性的黄酮类成分提取分离及其抗肿瘤活性研究. 东北林业大学博士学位论文.

孙琳. 2011. 木豆叶指纹图谱及其提取物对心肌缺血再灌注损伤保护作用的研究. 广州中医药大学博士学位论文.

孙言才, 屈建. 2004. 色谱新技术在体内药物分析中的应用. 中国新药杂志, 13(11): 973-977.

魏薇. 2013. 负压空化辅助双水相提取富集木豆叶中四种主要成分工艺研究. 东北林业大学硕士学位论文.

游松, 王亮, 蒋雅红, 等. 2002. 银杏叶注射剂指纹图谱的研究. 中草药, 33(3): 216-218.

于世林. 2005. 高效液相色谱方法及应用(第二版). 北京: 化学工业出版社.

张谡. 2010. 木豆根中染料木素和芹菜素提取纯化工艺及其抗氧化活性研究. 东北林业大学硕士学位论文.

张尊建, 李茜, 王伟, 等. 2002. 丹参及丹参注射液指纹图谱的HPLC-MS研究. 中草药, 33(12): 1074-1076.

周晓英, 张立新, 张良, 等. 2002. 红花的HPLC指纹图谱分析方法研究. 中成药, 24(5): 325-327.

Abad-García B, Berrueta LA, Garmón-Lobato S, et al. 2009. A general analytical strategy for the characterization of phenolic compounds in fruit juices by high-performance liquid chromatography with diode array detection coupled to electrospray ionization and triple quadrupole mass spectrometry. Journal of Chromatography A, 1216(28): 5398-5415.

Cech NB, Enke CG. 2001. Practical implications of some recent studies in electrospray ionization fundamentals. Mass Spectrometry Reviews, 20(6): 362-387.

Cuyckens F, Claeys M. 2002. Optimization of a liquid chromatography method based on simultaneous electrospray ionization mass spectrometric and ultraviolet photodiode array detection for analysis of flavonoid glycosides. Rapid communications in mass spectrometry, 16(24): 2341-2348.

Domon B, Costello CE. 1988a. A systematic nomenclature for carbohydrate fragmentations in FAB-MS/MS spectra of glycoconjugates. Glycoconjugate Journal, 5(4): 397-409.

Domon B, Costello CE. 1988b. Structure elucidation of glycosphingolipids and gangliosides using high-performance tandem mass spectrometry. Biochemistry, 27(5): 1534-1543.

Justesen U. 2000. Negative atmospheric pressure chemical ionisation low-energy collision activation mass spectrometry for the characterisation of flavonoids in extracts of fresh herbs. Journal of Chromatography A, 902(2): 369-379.

Lai JP, Lim YH, Su J, et al. 2007. Identification and characterization of major flavonoids and caffeoylquinic acids in three Compositae plants by LC/DAD-APCI/MS. Journal of Chromatography B, 848(2): 215-225.

Shen JC, Lu SG, Zhuang ZX, et al. 2005. A sensitive negative-ion electrospray ionization mass spectrometry detection for metallothionein in tris (hydroxymethyl) aminomethane acetate buffer. International Journal of Mass Spectrometry, 243(2): 163-169.

Wu ZR, Gao WQ, Phelps MA, et al. 2004. Favorable effects of weak acids on negative-ion electrospray ionization mass spectrometry. Analytical Chemistry, 76(3): 839-847.

第3章 木豆中主要化学成分分离和结构鉴定

3.1 引　言

从植物中直接提取的物质多为混合物，仍需进一步分离与精制。分离纯化的方法很多，在实际应用中，往往需要根据所要分离化合物的性质制定合适的分离方案。常用的方法有沉淀法、色谱法、结晶法和重结晶法。

3.1.1　沉淀法

沉淀法是根据不同类物质在同一溶剂条件下溶解度的差异，达到对植物活性成分的初步分离。在浓缩的水提取液中加入适量的乙醇，降低溶液的介电常数，从而使多糖、蛋白质等水溶性成分沉淀析出，而脂溶性成分存留在溶液中，这就是水提醇沉法。另外，醇提水沉法也是一种常用的方法，即在浓缩的提取液中加入数倍量的水，增大溶剂极性，使色素、树脂等脂溶性成分沉淀析出，而水溶性较好的成分留存在溶液中。

有些植物活性成分带有酸性和/或碱性基团而呈酸性、碱性或两性。对这些化合物来说，调节溶液的pH影响其存在的状态（游离型和离解型），从而改变其溶解度。此外，对于酸性和碱性化合物来说，还可以通过加入沉淀剂与其形成水不溶性的物质而沉淀析出。

3.1.2　柱色谱法

色谱法又称层析法，早在20世纪初由俄国科学家建立。它是利用不同物质在不同相态的选择性分配，以流动相对固定相中的混合物进行洗脱，混合物中不同的物质由于理化性质的差异而以不同的速度沿固定相移动，从而达到分离的效果。按照固定相几何形式的不同，将其分为柱色谱法、纸色谱法和薄层色谱法。其中柱色谱法最常用、最有效、应用范围最广。

柱色谱又称柱层析，根据分离机制的不同，又可分为吸附柱色谱、分配柱色谱、离子交换色谱、尺寸排阻色谱等，是将固定相以一定的方式填充到玻璃柱或金属柱中，然后待分离的样品均匀地进入柱中，再以合适的流动相进行洗脱。在洗脱的过程中，与固定相作用较强的组分，在流动相中分配较少，沿固定相移动较慢；与固定相作用较弱的组分，在流动相中分配较多，沿固定相移动较快。不同组分由于与固定相作用强弱不同而移动速度不同，在色谱柱中依次形成带状，实现分离。

固定相和流动相的选择是柱色谱分离的关键。可根据木豆叶中球松素的结构和性质，结合各固定相的特性，选择大孔吸附树脂和硅胶柱色谱进行目标成分的分离纯化。

1. 大孔吸附树脂法

大孔吸附树脂是由聚合单体和交联剂、致孔剂、分散剂等添加剂通过悬浮聚合反应制备而成的大分子大孔吸附材料。它物理化学性质稳定，不溶于酸、碱及有机溶剂，吸附性能良好，在植物活性分离富集的过程中被广泛研究与应用。大孔吸附树脂不含交换基团，具有大孔网状结构和较大的比表面积，选择性好，机械强度高。

大孔吸附树脂是吸附性和分子筛原理相结合的分离材料。它的吸附性是范德华力或产生氢键的结果；分子筛是由其本身多孔性结构的性质所决定。不同种类的物质由于大孔吸附树脂对其吸附性能不同和自身分子量大小差异，在溶剂洗脱的过程中分离开来。洗脱剂一般为乙醇-水体系。由于人工合成时所选用的单体分子结构不同，制备得到的大孔吸附树脂的极性大小也不尽相同，可分为非极性、中等极性和极性三类。非极性大孔吸附树脂一般是由极性很小的单体聚合而成，如苯乙烯和二苯乙烯的共聚物，适合于吸附非极性或弱极性物质。中等极性大孔吸附树脂含有中等极性基团，其表面既有疏水部分又有亲水部分，所以适合于吸附非极性和极性物质。极性大孔吸附树脂往往含有大量极性基团，适合于吸附极性物质。

大孔吸附树脂柱色谱具有快速、操作简单、适于大规模生产、选择性好等优点，广泛用于包括黄酮在内的各类天然产物的富集分离。Fu等（2005）利用大孔吸附树脂富集分离甘草中的黄酮类成分，获得甘草黄酮含量21.9%的产品，并且达到了与甘草酸完全分离。Zhang等（2007）利用D101大孔吸附树脂纯化蕺菜中的黄酮，梯度洗脱处理后黄酮含量超过60%。Yin等（2010）通过两次大孔吸附树脂柱层析建立了从穿龙薯蓣中制备薯蓣皂苷的绿色、高效的方法。Zhang等（2008）采用大孔吸附树脂与制备液相相结合的方法，从竹叶提取物中分离纯化了4种黄酮碳苷。Li等（2012）采用AB-8大孔树脂柱层析对香鳞毛蕨间苯三酚类成分进行了有效的富集分离，产品中两种间苯三酚含量分别提高了8.39倍和5.99倍。陶锋等（2009）利用NKA-9大孔吸附树脂分离纯化金钱草总黄酮，在优化条件下富集分离后总黄酮含量显著提高，高达60.8%，回收率超过90%。潘海敏等（2009）采用正交实验设计对AB-8大孔吸附树脂纯化珍珠菜总皂苷工艺进行研究，结果显示在优化条件下，总皂苷含量可以提高到55%。程冰洁等（2008）以FL-1大孔吸附树脂富集番石榴叶中的黄酮类成分，在优化的吸附、解吸附条件下，样品中总黄酮含量从13.22%增加到55.33%。潘细贵等（2005）以甘草总皂苷吸附量、洗脱率为指标筛选出吸附性能良好的D101大孔吸附树脂，并利用其对总皂苷进行有效的富集，含量得到很大提高，并且回收率较高。与传统的液液萃取富集方法相比，大孔树脂吸附柱色谱具有高效、绿色环保、选择性强、富集效果更显著等优点，适合大规模生产应用。

2. 硅胶柱色谱法

硅胶柱色谱是利用硅胶对不同物质吸附力的差异而使样品分离的。当以流动相洗脱时，各成分在硅胶与流动相之间不断地进行吸附、解吸、再吸附、再解吸过程。根据填充物（填料）的不同，可分为正相硅胶柱色谱和反相硅胶柱色谱。正相硅胶具有多孔性，在其表面有很多硅醇基，因而吸附作用较强。同时，具有一定酸性，属于酸性吸附剂，不适合于碱性物质（如生物碱）的分离。一般来说，正相硅胶对大极性成分吸附力强，不易洗脱；对小极性成分吸附力弱，较易洗脱。因而，正相硅胶对大极性成分死吸附严重，比较适合分离弱极性成分。洗脱剂一般为有机体系，如石油醚、乙酸乙酯、氯仿、甲醇及它们的混合液。

反相硅胶即在正相硅胶的硅醇基上键合上一定长度的碳链。最常用的是键合18个碳的反相硅胶ODS（十八烷基硅烷，octadecylsilyl）。它弥补了正相硅胶易死吸附的缺点，对极性和非极性成分都有很好的分离效果。与正相硅胶相反，在反相硅胶柱层析过程中，大极性成分首先被洗脱下来。洗脱剂一般为甲醇-水或乙腈-水体系。

3.1.3　结晶与重结晶

溶质以晶体的形式从溶液中析出这一过程叫结晶。当溶质的溶解度受温度影响较大时，可将其制成热饱和溶液，然后冷却使溶质过饱和从溶液中析出，这一结晶方法被称为冷却热饱和溶液法。另一种是蒸发溶剂法，适用于溶解度受温度变化影响不大或受热易分解的物质。

重结晶是将晶体溶于溶剂或熔融以后，又重新从溶液或熔体中结晶的过程。它是利用混合物中不同成分在某种溶剂中的溶解度的差异，或在同一溶剂中不同温度时的溶解度差异而使其相互分离。重结晶是精制固体有机物最常见的方法之一。重结晶效果的好坏与溶剂的选择有直接关系。溶剂的选择不仅影响结晶纯度，而且影响回收率。

天然产物尤其是高等植物的次生代谢产物一直是人类获得药物的重要来源，它们在保障人类健康方面发挥的作用也越来越显著。资源植物化学及天然产物化学研究过程的主要目的就是寻找活性成分及天然先导化合物。因此，活性追踪指导下的导向分离是一种非常有效的途径，对含量低的活性物质有很好的监控作用。

木豆叶是我国民间传统草药，性味平、淡，有清热解毒、补中益气、利水消食、排痈肿、止血止痢等功效。木豆提取物制剂在印度、巴西、古巴、墨西哥、南非等国用于治疗包括外伤感染和肿瘤在内的多种疾病，疗效显著。本研究前期在对我国民间药用植物进行广泛生物活性筛选的过程中发现木豆叶乙醇提取物和超临界CO_2提取物均表现出较强的抗肿瘤活性。木豆中的活性化学成分已逐渐引起了国内外学者的关注，但是研究尚浅，有关木豆叶肿瘤活性成分的研究至今未见报道。

本研究利用噻唑蓝[3-(4,5)-dimethylthiahiazo(-z-y1)-3,5-di-phenytetrazoliumromide，MTT]细胞毒检测法进行活性追踪，结合传统柱层析与Sephadex LH-20、ODS-C18、半制备HPLC等现代技术手段对木豆叶和嫩枝中的抗肿瘤活性成分进行了系统研究，以期深入了解木豆叶的化学成分，为木豆叶质量标准建立及天然药物开发或天然先导化合物的发现提供物质基础。

3.2　木豆叶抗肿瘤活性初步筛选

3.2.1　实验原理

MTT法是通过颜色反应检测细胞存活和增殖的方法，以活细胞代谢物还原剂为基础（Sieuwerts et al.，1995）。MTT是一种能接受氢原子的染料，为淡黄色的水溶性化合物。活细胞线粒体呼吸链中的琥珀酸脱氢酶在细胞内可将外源性MTT还原成水难溶的蓝紫色甲臜（formazan）结晶，死细胞因琥珀酸脱氢酶消失而无此功能。因此，甲臜结晶的生成量仅与活细胞数目成正比，用DMSO溶解结晶后，在一定波长（490nm）下用酶标仪测定光密度（optical density，OD）值，即可定量测出细胞的存活率。细胞增殖越多越快，则OD值越高；细胞毒性越大，则OD值越低。Mosmann（1983）首先将上述原理应用于细胞毒性测定。该方法具有操作简便、经济、快速、灵敏度高、重复性好等优点，现已广泛用于细胞毒性实验以对大量的药物进行抗肿瘤活性筛选。

3.2.2　实验仪器与材料

1. 实验仪器

CO_2 培养箱	美国 SIM 公司
TS-100 倒置显微镜	日本 Nikon 公司
DL-CJ-2N 生物洁净工作台	哈尔滨市东联电子技术开发有限公司
Stat Fax-3200 酶标仪	美国 Awareness 公司
1-15K 高速冷冻离心机	德国 Sigma 公司
DK-8D 型电热恒温热水槽	上海森信实验仪器有限公司
一次性针头式滤器	美国 Pall Life Sciences 公司
Milli-Q 超纯水系统	美国 Millpore 公司
MDF-U32V 超低温冰箱	日本 SANYO 公司
PB-21 pH 计	美国 Sartorius 公司
accu-jet 电动移液器	德国 Brand 公司

Gilson 移液器　　　　　　　　　　　　法国 Gilson 公司
LDZX-40BI 立式自动电热压力蒸汽灭菌器　上海申安医疗器械厂

2. 实验材料

MTT	Sigma-Aldrich 中国
胰蛋白酶	美国 Gibco 公司
新生牛血清	天津市灏洋生物制品科技有限责任公司
DMSO	美国 Amerseco 公司
DMEM 培养基	美国 Hyclone 公司
RPMI1640 培养基	美国 Hyclone 公司
乙二胺四乙酸（ethylenediamine tetraacetic acid，EDTA）	Sigma-Aldrich 中国
细胞培养瓶	美国 Corning 公司
96 孔培养板	加拿大 JET 公司
24 孔培养板	加拿大 JET 公司
青霉素、链霉素双抗	美国 Hyclone 公司
CO_2 气体	哈尔滨黎明气体集团
紫杉醇	上海昊化化工有限公司
白藜芦醇	Sigma-Aldrich 中国

3. 实验瘤株

人肺腺癌细胞株A549、人肝癌细胞株HepG2、人乳腺癌细胞株MCF-7，均购于哈尔滨医科大学。自行传代保存。

3.2.3　实验方法

（1）细胞培养：收集处于对数生长期的肿瘤细胞，用0.25%胰蛋白酶消化成单细胞悬液，用含10%胎牛血清的RPMI1640培养液稀释至细胞浓度为$2×10^4$个/mL（活细胞≥95%），以每孔200μL接种于96孔板中，置于37℃、5%CO_2、饱和湿度的CO_2培养箱中培养24h。

（2）加入药物：将药物用DMSO溶解，按照实验设计的药物加入96孔板中，用RPMI1640细胞维持液稀释至设定的不同工作浓度。以不含药物的等量DMSO为阴性对照、不加细胞液的等量药物为空白对照。加入药物后，置于37℃、5%CO_2、饱和湿度的CO_2培养箱中培养72h。

（3）加入MTT：将MTT用无血清RPMI1640培养液配成浓度为5mg/mL的溶液，0.22μm过滤除菌。加药物培养后，每孔加入MTT溶液20μL，置于37℃、5%CO_2、饱和湿度的CO_2培养箱中继续孵育4h。终止培养，吸弃孔内上清液，沉淀物用培养液洗涤3次后，每孔加入100μL DMSO振荡使之充分溶解。在酶标仪上测定各孔OD$_{570}$值。

（4）数据计算：按照下述公式计算药物对肿瘤细胞的抑制率。

$$肿瘤细胞生长抑制率 = 1 - \left(\frac{实验组 OD - 空白对照组 OD}{阴性对照组 OD - 空白对照组 OD} \right) \times 100\%$$

根据抑制率与药物浓度关系绘制剂量效应曲线，以Logit法计算药物对培养细胞的最小致死剂量：用药使得活细胞数量减少一半时的药物浓度，即半抑制浓度（IC$_{50}$）。实验重复3次，数据以平均值±标准差表示，采用t检验分析差异显著性（$P < 0.05$）。

3.2.4 结果与讨论

预实验部分采用液液萃取法依次用等体积的石油醚、乙酸乙酯、正丁醇对木豆叶乙醇提取物进行初步分离，得到石油醚可溶性部位、乙酸乙酯可溶性部位、正丁醇可溶性部位和水可溶性部位。MTT法测试结果（表3-1）表明，木豆叶80%乙醇提取物及该提取物的石油醚可溶性部位和乙酸乙酯可溶性部位对MCF-7、A549和HepG2细胞的增殖有明显的抑制作用，水提取物、乙醇提取物的正丁醇可溶性部位和水可溶性部位在测试范围内没有活性。80%乙醇提取物对MCF-7、A549和HepG2细胞的IC$_{50}$分别为121.71μg/mL±7.17μg/mL、134.64μg/mL±8.52μg/mL、115.27μg/mL±8.36μg/mL，石油醚可溶性部位对MCF-7、A549和HepG2细胞的IC$_{50}$分别为35.70μg/mL±2.21μg/mL、56.12μg/mL±3.78μg/mL、47.75μg/mL±3.16μg/mL，乙酸乙酯可溶性部位对MCF-7、A549和HepG2细胞的IC$_{50}$分别为156.84μg/mL±9.14μg/mL、167.00μg/mL±10.27μg/mL、149.31μg/mL±7.91μg/mL，3组提取物抑制肿瘤增殖作用差异显著（$P < 0.05$），其中以石油醚可溶性部位抗MCF-7活性最佳，80%乙醇提取物对3种肿瘤细胞的抑制效果优于其乙酸乙酯可溶性部位（$P < 0.05$）。因此，可以推断木豆叶中的抗肿瘤活性物质主要为非/弱极性部位，对木豆叶抗肿瘤活性成分的分离纯化实验应以非/弱极性部分为主要研究对象。

表3-1 木豆叶提取物对不同肿瘤细胞增殖的抑制作用（μg/mL）

样品	IC$_{50}$		
	MCF-7	A549	HepG2
80%乙醇提取物	121.71±7.17	134.64±8.52	115.27±8.36
水提取物	>200	>200	>200
石油醚可溶性部位	35.70±2.21	56.12±3.78	47.75±3.16
乙酸乙酯可溶性部位	156.84±9.14	167.00±10.27	149.31±7.91
正丁醇可溶性部位	>200	>200	>200
水可溶性部位	>200	>200	>200

3.3　木豆叶抗肿瘤活性成分的提取分离

3.3.1　植物来源及鉴定

实验用植物材料于2007年9月采自海南省海口市，二年生，为印度引进的杂交品种，由东北林业大学森林植物生态学教育部重点实验室聂绍荃教授鉴定为豆科木豆属植物木豆[*Cajanus cajan* (L.) Millsp.]的叶，标本（编号052056001002006）保存于本实验室植物标本室。采集的木豆枝叶在室温条件下避光干燥，粉碎，备用。

3.3.2　实验仪器与材料

1. 主要仪器

RE-52AA 型旋转蒸发仪	上海青浦沪西仪器厂
SHB-IIIA 型循环水式多用真空泵	郑州长城科贸有限公司
KQ-250DB 型数控超声机	昆山市超声仪器有限公司
HH-6 型数显恒温水浴锅	上海达洛科学仪器有限公司
BS-110 电子天平	美国 Sartorius 公司
DHG-9053A 型电热恒温鼓风干燥箱	西安禾普生物科技有限公司
WFH-203 三用紫外分析仪	上海精科实业有限公司
半制备型色谱柱	上海三为科学仪器有限公司
WRS-1B 数字熔点仪	上海精密科学仪器有限公司
System 2000 FT-IR 红外光谱仪（KBr 压片）	美国 PerkinElmer 公司
Waters 高效液相色谱仪 （600 泵、2996PAD 检测器）	美国 Waters 公司
Varian Unity-plus 500MHz FT-NMR	美国 Varian 公司
Varian Mercury-plus 400MHz FT-NMR	美国 Varian 公司
Bruker Ultra[Shield] Plus 500MHz 超导核磁共振波谱仪	瑞士 Bruker 公司
API-3000[TM] LC-MS-MS	加拿大 Applied Biosystems 公司
MAT 95 高分辨质谱仪	德国 Finnigan MAT 公司

2. 实验试剂与填料

无水乙醇（EtOH，分析纯）	哈尔滨化工试剂厂
正己烷（n-hexane，分析纯）	北京化工厂
无水甲醇（MeOH，分析纯）	北京化工厂
乙酸乙酯（EtOAc，分析纯）	北京化工厂

三氯甲烷（CHCl$_3$，分析纯）	上海友思生物技术有限公司
无水硫酸钠（分析纯）	天津市东丽区东大化工试剂厂
丙酮（分析纯）	北京化工厂
甲酸（色谱纯）	天津市科密欧化学试剂
甲醇（色谱纯）	J&K公司
NKA-9大孔吸附树脂（药用级）	天津南开和成科技有限公司
RP-18反相制备填料（药用级）	德国默克公司
Sephadex LH-20（羟丙基葡聚糖凝胶）（试剂级）	美国Pharmacia公司
ODS-A S-50μm	日本YMC公司
柱层析用硅胶G（200~300目、300~400目、500~800目）	青岛海洋化工有限公司

3.3.3　提取物的制备

前期预实验结果表明木豆叶乙醇提取物经过石油醚和乙酸乙酯萃取后所得萃取物均具有抗肿瘤活性，并且从TLC和HPLC比对中发现这两个部位中含有很多共有的成分，为了简化实验步骤，利用醇提水沉方法初步分离提取液中水可溶性与水不易溶性物质，对提取物活性部位制备过程进行适应性调整（图3-1）。具体为：8.6kg干燥的木豆叶（含嫩枝）粉碎，用80%乙醇在室温条件下浸泡12h后负压空化提取3次（室温、压力-0.075MPa、2h），每次100L。合并提取液，过滤、减压浓缩至无乙醇

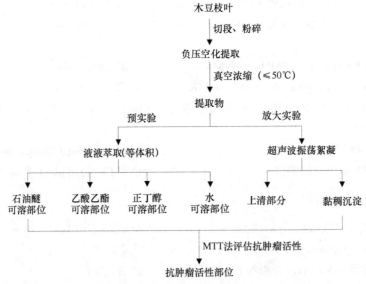

图3-1　木豆叶抗肿瘤活性部位提取制备流程

蒸出，得到提取浓缩液，加入2倍量50~60℃温水，于频率为30~60kHz的条件下超声波振荡混悬25min，静止1h，分开上清液与黏稠沉淀物，将黏稠沉淀物中继续加入4倍量50~60℃温水，重复上述超声波振荡混悬条件，合并两次所得上清液后，真空冻干，得到水可溶性萃取物约343g、沉淀物约256g。超声波的振荡使黏稠絮凝物中的水可溶性物质逐渐溶出。

取上述沉淀物和水可溶性萃取物两个部位的样品，用DMSO溶解后测试其对MCF-7细胞的抑制活性，结果显示沉淀物对抑制MCF-7细胞增殖的IC_{50}值为122.90μg/mL，而水可溶性萃取物在200μg/mL时仍然没有表现出对该细胞的抑制作用，说明抗肿瘤生物活性物质主要分布在沉淀物中。因此确定沉淀物为进一步分离的活性部位。

3.3.4　木豆叶化学成分的分离纯化

木豆叶提取物活性部位通过NKA-9大孔吸附树脂柱对其进行吸附，依次以30%、50%、70%和95%乙醇解吸附，得到未吸附部位和4个解吸附部位。进一步采用正/反相硅胶及Sephadex LH-20凝胶等色谱柱技术，结合制备液相色谱技术及结晶/重结晶技术进行化学成分的分离与纯化，从而获得单体成分（图3-2）。其中，分离各个部位依照样品量适当留样。

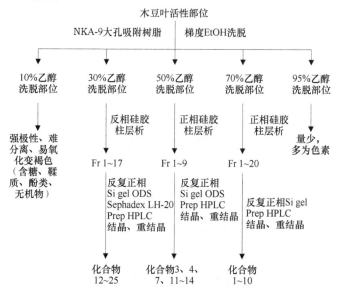

图3-2　木豆叶化学成分分离流程图

1. NKA-9大孔吸附树脂初步分离

大孔吸附树脂是一种兼具吸附性和分子筛原理的分离填料，吸附性是范德华力或氢键的作用结果，而其本身的多孔结构则决定了其分子筛性质（张虹和柳正泉，2001）。大孔吸附树脂在天然产物分离，特别是工业化生产过程中发挥着重要作用，分离过程中最常用的溶剂是乙醇-水体系，与有机溶剂液液萃取法相比，极大地降低了毒性溶剂的使用。本研究基于预实验的初步筛选，选用NKA-9树脂柱层析方法对木豆叶提取物的抗肿瘤活性部位进行初步分离。样品240g，NKA-9大孔吸附树脂800g，操作过程如下。

将NKA-9大孔吸附树脂按照说明书处理后采用湿法装柱，径高比1∶8，保留液面，将木豆叶提取物活性部位用15%乙醇溶液分散使之混悬（浓度为0.5~1.0g/mL），以每小时6~8mL/g的流速通过树脂吸附柱。吸附后，依次用水和15%乙醇各2L除去蛋白质等杂质和未吸附的物质，然后依次用30%、50%、70%和95%的乙醇-水溶液梯度解吸附，得到馏分I~V五个部分（10%乙醇-水洗脱部位、30%乙醇-水洗脱部位、50%乙醇-水洗脱部位、70%乙醇-水洗脱部位、95%乙醇-水洗脱部位）。其中，馏分I极性较强、易氧化变褐色，馏分V极性小、呈蜡状物、多为色素，活性测试结果显示馏分I和V在测试范围内无明显活性，因此未作进一步分离。

2. NKA-9树脂70%洗脱部位的分离

馏分IV（55.23g，留样5.23g）经正相硅胶柱层析、RP-C18反相柱层析、Sephadex LH-20柱层析和半制备HPLC分离得到化合物1~10。

正相硅胶柱层析：300~400目硅胶，300g，以n-hexane湿法装柱、干法上样，载样量50.0g。根据TLC条件，首先以n-hexane-CHCl₃混合体系为流动相，按照从弱极性至强极性分别进行洗脱（n-hexane-CHCl₃：100∶0、98∶2、95∶5、90∶10、80∶20~30∶70、0∶100），然后过渡至EtOAc-MeOH混合体系，每500毫升收集一馏分（fraction，Fr），TLC指导合并得到20个馏分。反复经过正相硅胶柱层析（分离用硅胶为500~800目、硅胶用量与样品量的比例为30~40∶1）及结晶、重结晶、半制备HPLC分离纯化得到化合物1（31.5mg）、2（12.0mg）、3（13.1mg）、4（22.5mg）、5（9.7mg）、6（46.8mg）、7（9.6mg）、8（7.4mg）、9（7.3mg）、10（6.7mg）。

3. NKA-9树脂50%洗脱部位的分离

馏分III（31.53g，留样1.53g）经反复正相硅胶柱层析、RP-C18反相柱层析和半制备HPLC分离得到化合物3、4、7和11~14，如图3-3所示。

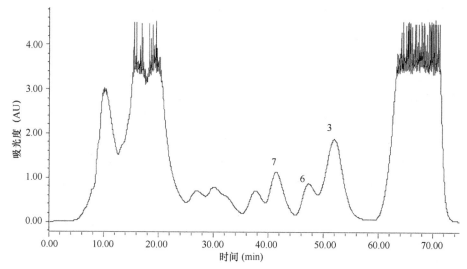

图3-3　化合物3、6、7半制备HPLC图谱（流动相：MeOH-H₂O为65∶35）

正相硅胶柱层析：300~400目硅胶，300g，以n-hexane湿法装柱、干法上样，载样量45g。根据TLC条件，以n-hexane-CHCl₃混合体系为流动相，按照从弱极性至强极性梯度洗脱，然后过渡流动相体系至EtOAc-MeOH，TLC指导合并得到9个馏分。馏分3反复经过正相硅胶柱分离结合结晶、重结晶纯化得到化合物3、4和7。

对馏分5~7反复进行反相ODS-C18硅胶柱层析分离：ODS-C18硅胶吸附剂与待分离样品的比例为40∶1，ODS-C18硅胶按照说明书预处理后，以MeOH湿法装柱，待柱平衡后，将柱内溶剂系统过渡至10% MeOH-H₂O用于样品分离；将由正相硅胶柱层析得到的馏分5~7分别用10% MeOH-H₂O溶解、0.45μm微孔滤膜过滤后进行层析分离，RP-HPLC分析指导合并，对所得到馏分进一步经Sephadex LH-20柱层析结合结晶和重结晶得到单体化合物11（9.0mg）、12（10.3mg）、13（5.4mg）、14（10.7mg）。

4. NKA-9树脂30%洗脱部位的分离

馏分Ⅱ（48.79g，留样3.79g）经正相硅胶柱层析、RP-C18反相柱层析、Sephadex LH-20柱层析和半制备HPLC分离得到化合物12~25。

正相硅胶柱层析：300~400目硅胶，300g，以EtOAc湿法装柱、干法上样，载样量45g。根据TLC条件，以EtOAc与MeOH混合体系为流动相，按照从弱极性至强极性分15个梯度进行洗脱（EtOAc-MeOH：100∶0、95∶5、90∶10 ~ 50∶50、40∶60、30∶70、20∶80、0∶100），每500毫升收集一馏分，TLC指导合并得到17个馏分。

反相ODS-C18硅胶柱层析：ODS硅胶吸附剂与待分离样品的比例为40~60∶1，ODS-C18硅胶按照说明书预处理后，以MeOH湿法装柱，待柱平衡后，将柱内溶剂系统过渡至5%~10% MeOH-H$_2$O用于样品分离；将由正相硅胶柱层析得到的17个馏分分别用5%~10% MeOH-H$_2$O溶解、0.45μm微孔滤膜过滤后进行柱层析分离，RP-HPLC分析指导合并，对所得到馏分进一步经Sephadex LH-20柱层析、半制备HPLC色谱分离，结合结晶和重结晶得到单体化合物12（8.6mg）、13（5.3mg）、14（13.4mg）、15（10.0mg）、16（7.7mg）、17（6.8mg）、18（14.0mg）、19（13.4mg）、20（11.6mg）、21（13.7mg）、22（9.5mg）、23（8.8mg）、24（4.5mg）、25（3.0mg），如图3-4所示。

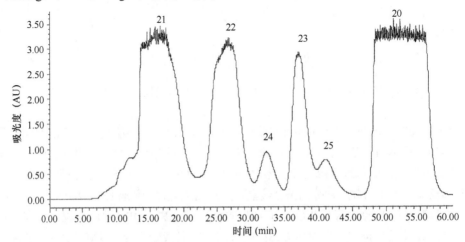

图3-4　化合物20~25半制备HPLC图谱（流动相：MeOH-H$_2$O为37∶63）

3.3.5　分析测试条件

薄层色谱法（TLC）用于柱层析纯化过程的监测，采用GF$_{254}$硅胶板完成，检测波长为254nm或365nm，TLC分析显色剂包括5% H$_2$SO$_4$乙醇溶液、5% AlCl$_3$乙醇溶液和0.1%溴酚蓝溶液，均依照《天然药物化学成分提取分离手册》（杨云，2003）中的方法配制。熔点用WRS-1B数字熔点仪测定（温度计未校正）。核磁共振氢谱（^{1}H nuclear magnetic resonance spectra，^{1}H-NMR谱）和核磁共振碳谱（^{13}C nuclear magnetic resonance spectra，^{13}C-NMR谱）用Varian Unity-plus 500MHz FT-NMR、Varian Mercury-plus 400MHz FT-NMR及Bruker Ultra^{Shield} Plus 500MHz超导核磁共振波谱仪测定，以四甲基硅烷（TMS）为内标，使用的氘代溶剂包括CDCl$_3$、丙酮-d_6、甲醇-d_6和DMSO-d_6；氘代试剂的化学位移为CDCl$_3$（δ=7.27ppm[①] from TMS for ^{1}H-NMR，δ=77.23ppm from TMS for ^{13}C-NMR），丙酮-d_6（δ=2.05ppm from

---

① 1ppm=10^{-6}

TMS for ^{1}H-NMR，δ=206.68, 29.92ppm from TMS for ^{13}C-NMR），甲醇-d_6（δ=3.31,
4.87ppm from TMS for ^{1}H-NMR，δ=49.15ppm from TMS for ^{13}C-NMR），DMSO-d_6
（δ=2.50ppm from TMS for ^{1}H-NMR，δ=39.51ppm from TMS for ^{13}C-NMR）。化合物
质谱裂解用API3000三重四极杆质谱仪测定，电离源为电喷雾离子源（ESI）。

3.3.6　化合物的物理常数与波谱数据

化合物1：白色粉末（石油醚），熔点（m.p.）65~68℃。^{1}H-NMR (500MHz,
CDCl$_3$):δ 3.64(t, J=6.7Hz, 2H), 1.58(m, 2H), 1.26~1.33(m, 30H), 0.88(t, J=6.9Hz, 2H).
^{13}C-NMR (125MHz, CDCl$_3$): δ 63.1, 32.8, 31.9, 29.7, 29.6, 29.4, 25.7, 22.7, 14.5。

化合物2：白色无定形晶体，m.p. 160~161℃。ESI-MS [m/z 337 (M+H)$^+$]. ^{1}H-NMR
(500MHz, CDCl$_3$): δ 7.84(d, J=16.0Hz, 1H), 7.55(d, J=7.5Hz, 2H), 7.38(t, 2H), 7.31(t, 1H),
6.83(d, J=16.0Hz, 1H), 6.67(s, 1H), 5.21(dd, J =6.0, 6.0Hz, 1H), 3.96(s, 3H),
3.39(d, J=7.0Hz, 2H), 1.80(s, 3H), 1.69(s, 3H). ^{13}C-NMR (125MHz, CDCl$_3$): δ 176.0,
162.7, 162.5, 142.2, 137.5, 132.2, 131.1, 130.6, 129.0, 128.1, 127.0, 122.1, 117.1, 103.6,
103.2, 56.0, 26.1, 22.3, 18.0。

化合物3：白色晶体。ESI-MS [m/z 294 (M-H)$^-$]. ^{1}H-NMR (500MHz, CDCl$_3$):
δ 7.48(d, J=7.1Hz, 2H), 7.38(m, 3H), 7.27(d, J=10.6Hz, 1H), 6.93(d, J=16.0Hz, 1H),
6.68(s, 1H), 6.37(s, 1H), 5.11(s, 1H), 3.83(s, 3H), 3.42(d, J=4.7Hz, 2H), 1.80(s, 3H),
1.68(s, 3H). ^{13}C-NMR (125MHz, CDCl$_3$): δ 158.6, 154.4, 138.0, 137.6, 131.0, 130.6, 128.7,
128.7, 127.7, 126.6, 126.5, 123.5, 121.1, 104.2, 98.6, 55.8, 25.8, 24.5, 18.0。

化合物4：无色片状晶体（甲醇），m.p. 103℃。HR-ESI-MS: calc. for
C$_{16}$H$_{24}$O$_4$ [M]$^+$:270.0892, found: 270.0891, error: 0.3ppm. ^{1}H-NMR (400MHz, CDCl$_3$):
δ 12.00(s, 1H), 7.41(m, 5H), 6.05(d, J=2.72Hz, 2H), 5.39(dd, J=12.84, 2.76Hz, 1H),
3.79(s, 3H), 3.06(dd, J=15.14, 12.84Hz, 1H), 2.79(dd, J=14.68, 2.76Hz, 1H). ^{13}C-NMR
(125MHz, CDCl$_3$): 195.9, 168.2, 164.9, 163.1, 138.9, 128.8, 126.3, 103.6, 95.3, 94.5, 79.2,
55.6, 43.4。

化合物5：橙色晶体（氯仿），m.p. 149~151℃。ESI-MS [m/z 269.9 (M-H)$^-$]. ^{1}H-NMR
(500MHz, MeOD): δ 8.18(d, J=15.7Hz, 1H), 7.71(d, J=15.7Hz, 1H), 7.59(dd, J=7.6, 1.6Hz,
2H), 7.40 ~7.34(m, 3H), 5.94(s, 2H), 3.76(s, 3H). ^{13}C-NMR (125MHz, MeOD): δ 194.3,
167.8, 165.9, 143.2, 136.9, 131.2, 129.9, 129.4, 128.7, 106.6, 94.6, 55.9。

化合物6：白色无定形晶体。ESI-MS [m/z 337.3 (M-H)$^-$]. ^{1}H-NMR (500MHz,
CDCl$_3$): δ 11.53(s, 1H), 7.84(d, J=16.0Hz, 1H), 7.55(d, J=7.5Hz, 2H), 7.38(t, 2H),
7.31(t, 1H), 6.83(d, J=16.0Hz, 1H), 6.67(s, 1H), 5.21(dd, J =6.0, 6.0Hz, 1H), 3.96(s, 3H),
3.39(d, J=7.0Hz, 2H), 1.80(s, 3H), 1.69(s, 3H). ^{13}C-NMR (125MHz, CDCl$_3$): δ 176.0,
162.7, 162.5, 142.2, 137.5, 132.2, 131.1, 130.6, 129.0, 128.1, 127.0, 122.1, 117.1, 103.6,

103.2, 56.0, 26.1, 22.3, 18.0。

化合物7：白色晶体。ESI-MS [m/z 353.4 (M-H)$^-$]. ^{1}H-NMR (500MHz, DMSO)：δ 8.04(br s, 2H), 7.60~7.45(m, 4H), 6.51(s, 1H), 4.88(t, 1H), 4.67(br s, 1H), 3.83(s, 3H), 3.17(d, J=5.2Hz, 2H), 1.63(s, 3H), 1.50(s, 3H). ^{13}C-NMR (125MHz, DMSO)：δ 173.2, 170.0, 161.8, 142.8, 137.6, 133.7, 131.4, 130.8, 129.1, 128.3, 125.9, 123.4, 122.6, 121.9, 107.3, 98.6, 56.30, 25.8, 24.9, 18.0。

化合物8：淡黄色无定形粉末。ESI-MS [m/z 269 (M-H)$^-$]. ^{1}H-NMR (500MHz, DMSO)：δ 7.96(m, 1H), 7.94(m, 1H), 6.96(m, 1H), 6.94(m, 1H), 6.80(d, J=2.3Hz, 1H), 6.50(t, J=2.0Hz, 1H), 6.21(t, J=2.1Hz, 1H). ^{13}C-NMR (125MHz, DMSO)：δ 164.4, 164.1, 161.6, 161.4, 157.8, 129.0, 121.7, 116.4, 104.2, 103.4, 99.2, 94.4. TLC的比移值（R_f值）及UV、HPLC保留时间与对照品芹菜素一致。

化合物9：淡黄色无定形粉末，m.p. 324~326℃。ESI-MS [m/z 284 (M-H)$^-$]. TLC的 R_f值、UV、HPLC保留时间与对照品木犀草素一致。

化合物10：白色晶体。ESI-MS [m/z 269 (M-H)$^-$]，TLC的R_f值、UV、HPLC保留时间和质谱裂解模式与对照品柚皮素一致。

化合物11：黄色无定形晶体。ESI-MS [m/z 402 (M-H)$^-$]. ^{1}H-NMR (500MHz, CD$_3$OD)：δ 8.06(d, J=10Hz, 2H), 7.01(d, J=10Hz, 2H), 6.64(s, 1H), 6.24(s, 1H); Glc: 5.05(s, 1H), 3.80~4.28(m, 5H). ^{13}C-NMR (125MHz, CD$_3$OD)：δ 202.5, 184.4, 183.0, 181.8, 181.1, 148.9, 142.6, 136.0, 124.4, 123.8, 123.0, 119.6, 95.9, 94.3, 90.5, 89.1, 79.7。

化合物12：黄色无定形晶体。ESI-MS [m/z 431 (M-H)$^-$]. TLC的R_f值、UV、HPLC保留时间和质谱裂解模式与对照品异牡荆苷一致。

化合物13：黄色无定形晶体。ESI-MS [m/z 431 (M-H)$^-$]. TLC的R_f值、UV、HPLC保留时间和质谱裂解模式与对照品牡荆苷一致。

化合物14：黄色无定形晶体。ESI-MS [m/z 431 (M-H)$^-$]. TLC的R_f值、UV、HPLC保留时间和质谱裂解模式与对照品荭草苷一致。

化合物15：黄色无定形晶体。ESI-MS [m/z 533 (M-H)$^-$]. ^{1}H-NMR (500MHz, CD$_3$OD)：δ 8.19(s, 1H), 7.87(d, J=10Hz, 1H), 6.89(d, J=9Hz, 2H), 6.62(d, J=17Hz, 1H); Glc: 4.85(s, 1H), 4.48(s, 1H), 3.63~4.10(m, 10H). ^{13}C-NMR (125MHz, DMSO)：δ 184.3, 166.8, 163.2, 162.7, 160.6, 157.5, 130.7, 129.9, 123.1, 117.0, 108.4, 105.4, 103.5, 76.4, 75.3, 72.7, 72.0, 70.5。

化合物16：黄色无定形晶体。ESI-MS [m/z 563.3 (M-H)$^-$]. ^{1}H-NMR (500MHz, CD$_3$OD)：δ 7.90(d, J=8.1Hz, 2H), 6.90(d, J=8.7Hz, 2H), 6.61(s, 1H); Glc: 4.63(s, 1H), 3.45~4.17(m, 12H). ^{13}C-NMR (125MHz, DMSO)：δ 144.3, 126.5, 122.8, 89.9, 83.2, 77.0, 69.8, 65.1, 63.7, 42.6, 40.2, 37.5, 36.0, 32.2, 23.0。

化合物17：黄色无定形晶体。ESI-MS [m/z 563.5 (M-H)$^-$]. ^{1}H-NMR (500MHz,

CDCl$_3$）：^{1}H-NMR（500MHz, CD$_3$OD）：δ 7.99（d, J=8.7Hz, 2H），6.93（d, J=8.6Hz, 2H），6.63（s, 1H）；Glc: 4.62（s, 1H），3.33~4.10（m, 12H）。^{13}C-NMR（125MHz, DMSO）：δ 184.3，166.7，162.9，160.3，157.4，130.2，123.4，117.1，108.3，105.7，103.8，83.0，80.2，76.5，75.2，73.1，72.4，72.0，71.2，70.4，63.0。

化合物18：白色无定形晶体。ESI-MS [m/z 431 （M-H）$^-$]. ^{1}H-NMR（500MHz, DMSO）：δ 7.40（d, J=7.3Hz, 2H），6.83（d, J=7.2Hz, 2H），6.73（s, 1H），6.47（s, 1H），5.44（s, 1H），5.17（s, 1H），5.07（d, J=6.4Hz, 1H），4.64（s, 1H）；Glc: 3.75（d, J=49.0Hz, 1H），3.06~3.55（m, 6H）。^{13}C-NMR（125MHz, DMSO）：δ 181.0，163.5，162.1，158.1，157.5，154.9，130.7，122.9，121.4，115.6，106.4，100.3，99.9，95.0，77.6，76.7，73.4，70.0，61.1。

化合物19：无色晶体。ESI-MS [m/z 193.4 （M-H）$^-$]. ^{1}H-NMR（500MHz, DMSO-d_6）：δ 4.72（brs, 1H），4.63（brs, 1H），4.52（d, J=4.7Hz, 1H），4.47（d, J=6.4Hz, 1H），4.35（d, J=5.7Hz, 1H），3.62（brs, 3H），3.50（dd, J=11.7, 4.4Hz, 1H），3.43（s, 3H），3.37~3.29（m, 1H），3.00（t, J=9.3Hz, 1H）。^{13}C-NMR（125MHz, DMSO-d_6）：δ 84.3，73.1，73.0，72.4，71.4，70.5，60.1，确定该化合物为木糖（xylose）。

化合物20：黄色无定形晶体。ESI-MS [m/z 579 （M-H）$^-$]. ^{1}H-NMR（500MHz, CD$_3$OD）：δ 7.40（s, 1H），6.88（d, J=8.4Hz, 1H），6.55（s, 1H）；Glc: 4.69（s, 1H），3.31~4.09（12H）。^{13}C-NMR（125MHz, CDCl$_3$）：δ 184.3，166.5，163.4.3，151.0，146.9，123.6，120.6，116.9，114.5，109.8，105.0，103.8；Glc: 82.7，80.3，77.5，75.4，75.1，73.1，72.3，72.2，71.2，70.9，63.1。

化合物21：黄色无定形晶体。ESI-MS [m/z 579 （M-H）$^-$]. ^{1}H-NMR（500MHz, CD$_3$OD）：δ 7.55（m, 2H），6.91（d, J=8.4Hz, 1H），6.58（d, J=5.9Hz, 1H）；Glc: 4.67（s, 1H），3.45~4.10（12H）。^{13}C-NMR（125MHz, CDCl$_3$）：δ 184.3，166.8，157.4，151.1，147.1，123.8，121.0，116.7，114.9，108.3，105.7，103.8；Glc: 83.0，80.3，76.5，75.2，75.1，73.1，72.3，72.0，71.2，70.4，63.2。

化合物22：黄色粉末。ESI-MS [m/z 447 （M-H）$^-$]. TLC的R_f值、UV、HPLC保留时间与对照品木犀草素-7-O-β-D-葡糖糖苷一致。

3.4　结果与讨论

3.4.1　化合物的结构鉴定

馏分II经3.3.4节"4."中的方法处理获得化合物12~25。

根据理化性质及波谱特征对分离得到的单体成分进行结构鉴定，结果如下。

1. 棕榈酸乙酯的结构鉴定

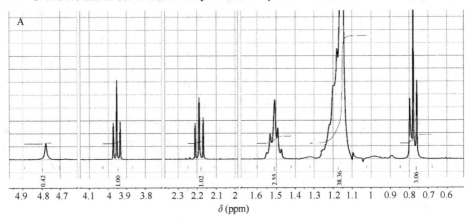

化合物1：白色固形粉末（石油醚），m.p. 65~68℃，无UV吸收，说明结构中不含有共轭体系，ESI-MS [m/z 539 (M-H)$^-$]，经NMR分析（图3-5），^{1}H-NMR (500MHz, CDCl$_3$): δ 3.64 (t, J = 6.7Hz, 2H), 1.58 (m, 2H), 1.26~1.33 (m, 30H), 0.88 (t, J = 6.9Hz, 6H, CH$_3$)。^{13}C-NMR (125MHz, CDCl$_3$): δ 63.1, 32.8, 31.9, 29.7, 29.6, 29.4, 25.7, 22.7, 14.5。参照文献鉴定为棕榈酸乙酯（palmitate cetylate）（蒋雷等，2009）。

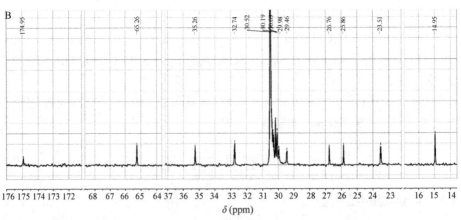

图3-5　棕榈酸乙酯（1）的^{1}H-NMR谱（500MHz, CDCl$_3$）（A）和^{13}C-NMR谱（125MHz, CDCl$_3$）（B）

2. cajanuslactone的结构鉴定

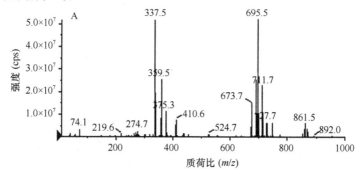

化合物2：白色细针状结晶（CHCl$_3$），m.p. 160~161℃。紫外365nm显示蓝紫色荧光。通过高分辨质谱HR-ESI-MS（m/z 336.1360，[M+H]$^+$）确定分子式为C$_{21}$H$_{20}$O$_4$（calc. 336.1362，error: 4ppm），计算不饱和度为11，初步推测该化合物含有内酯环。ESI质谱分析（图3-6）给出正电离模式下分子离子m/z 337 [M+H]$^+$，脱去中性小分子H$_2$O后得到分子碎片m/z 319 [M+H]$^+$，说明该分子中存在羟基。紫外吸收光谱（图3-7）显示该化合物在204nm、265nm和352nm有吸收，说明化合物2中存在苯取代基及共轭发色团。红外光谱（图3-8）显示该化合物含有羟基（3382cm^{-1}）、苯环（1513cm^{-1}、1581cm^{-1}）、α, β不饱和内酯C＝O（1613cm^{-1}）和较弱的单取代苯基信号（754cm^{-1}、697cm^{-1}，在红外光谱不明显）。本研究通过1D-NMR和2D-NMR谱推导该化合物的结构（表3-2）。

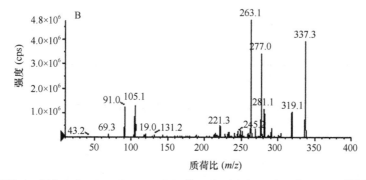

图3-6　新化合物cajanuslactone（2）的ESI$^+$一级（A）和二级（B）质谱图

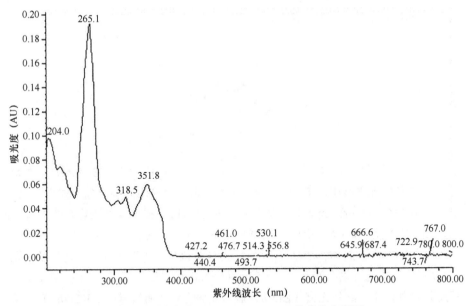

图3-7　新化合物cajanuslactone（2）的紫外光谱图

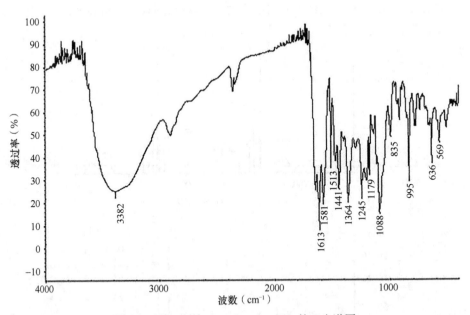

图3-8　新化合物cajanuslactone（2）的IR光谱图

表3-2　化合物2的NMR谱相关信号归属

位置	$^{1}\mathrm{H}(\delta_{\mathrm{H}})$	$^{13}\mathrm{C}(\delta_{\mathrm{C}})$	DEPT	COSY(H-H)	HMBC(C-H)	NOESY
2		166.9	C		7.27	
3	7.27(s)	117.1	CH			
4		153.3	C		7.27, 7.91	
5		163.3	C		4.02, 6.63	
6	6.63(s)	99.1	CH			
7-OH		165.5	C		6.63, 3.53	
8		136.8	C		3.53	
9		100.9	C		6.63	
10		153.3	C		3.53	
1′		132.9	C		7.27, 7.54	
2′	7.91(m)	126.0	CH	7.54	7.50, 7.54	7.27
3′	7.54(m)	129.8	CH	7.91, 7.50	7.50, 7.91	
4′	7.50(m)	130.9	CH	7.54	7.54, 7.91	
5′	7.54(m)	129.8	CH	7.50, 7.91	7.50, 7.91	
6′	7.91(m)	126.0	CH	7.54	7.50, 7.54	7.27
1″	3.53(d, 6.8Hz)	24.1	CH$_2$			5.10, 1.85
2″	5.10(t, 6.8Hz)	123.7	CH	3.53	1.65, 1.85, 3.53	3.53, 1.65
3″		132.0	C		1.65, 1.85, 3.53, 5.10	
4″	1.85(s)	18.0.	CH$_3$		1.65, 5.10	3.53
5″	1.65(s)	25.8	CH$_3$		1.85, 5.10	5.10
OCH$_3$	4.02(s)	56.6	CH$_3$			6.63

注：数据记录在CDCl$_3$中，δ以ppm为单位。DEPT：无畸变极化转移增强，distortionless enhancement by polarization transfer；COSY：同核化学位移相关谱，correlation spectroscopy；HMBC：异核多键相关谱，heteronuclear multiple bond correlation；NOESY：二维核磁谱，nuclear overhauser effect spectroscopy

^{1}H-NMR谱（图3-9A）显示3个甲基信号（δ 1.69, 1.85, 4.02）、1个亚甲基信号（δ 3.53, d, J=6.8Hz）、1个烯质子信号（δ 5.10, t, J=6.8Hz）、5个位于单取代苯环上

的质子信号（δ 7.91的2个多重峰、δ 7.50和δ 7.54的多重峰）。^{13}C-NMR（图3-9B）和DEPT（图3-10）谱显示有19个碳信号：3个甲基碳（δ_C 18.0, 25.8, 56.3）、1个亚甲基碳（δ_C 24.1）、6个次甲基碳（δ_C 130.9, 129.8, 126.0, 123.7, 100.9, 99.1）和9个季碳（包括3个含氧碳：δ_C 166.9，δ_C 165.5，δ_C 163.5）。位于较低磁场的羰基碳信号δ_C 166.9提示其位于苯取代的内酯环，可能为羰基碳。综合分子式、^{1}H-NMR、^{13}C-NMR和IR数据与化合物cajanuslactone的相关谱图比较，推测该化合物为香豆素类物质（蒋雷等，2009）。

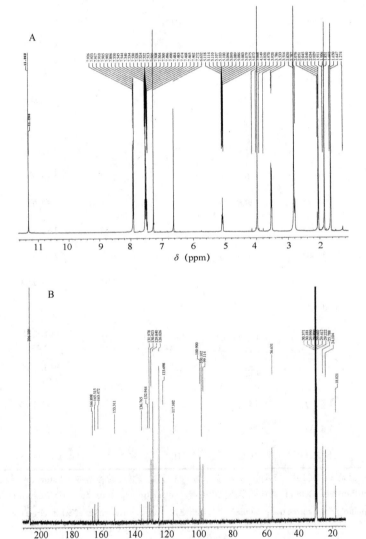

图3-9　新化合物cajanuslactone（2）的^{1}H-NMR谱（500MHz, 丙酮-d_6）（A）和^{13}C-NMR谱
（125MHz, 丙酮-d_6）（B）

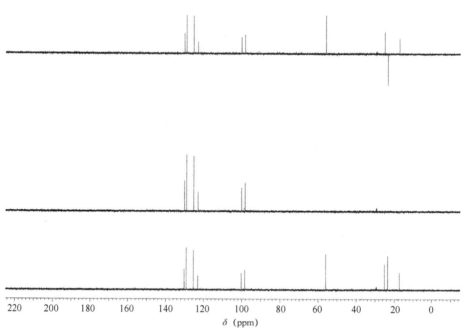

图3-10　新化合物cajanuslactone（2）的DEPT-135谱（125MHz, 丙酮-d_6）

　　采用COSY、HMQC（异核多量子相关谱，heteronuclear multiple quantum correlation）和HMBC二维NMR谱归属相关NMR信号（图3-11）。从COSY谱和HMQC谱给出的信息可以推论该化合物含有异戊二烯基团$(CH_3)_2C=CH-CH_2-R$，从该化合物的HMBC远程相关谱分析，氢质子δ 7.27仅仅与δ_C 132.9存在相关关系，化学位移δ 6.63的氢质子与两个氧饱和的芳香性碳δ_C 165.5和δ_C 163.5相关，δ 6.63可能在C_6或者C_7位置上，而因此可以判断化学位移δ 6.63和δ 7.27两个氢质子分别位于苯环和内酯环上，而δ_C 100.9和δ_C 153.3则分别为C_9和C_{10}。此外，H-1″（δ 3.52, d, J=6.8Hz）与δ_C 165.5和δ_C 153.3（C_{10}）的相关性表明异戊二烯基为C_8取代，δ_C 165.5为C_7，δ 6.63为C_6，与H-1″（δ 3.52, d, J=6.8Hz）相关的δ_C 136.8为C_8。δ_C 153.3与δ 7.91 (d, J=7.76Hz)相关，归属为C_4。NOESY（图3-12、图3-13）显示δ_H 7.27/δ_H 7.91、δ_H 6.63/δ_H 4.02、δ_H 5.10/δ_H 3.53、δ_H 5.10/δ_H 1.65和δ_H 3.53/δ_H 1.85之间的相关性证明了该化合物的结构。因此，确定化合物1的结构为7-羟基-5-O-甲基-8-异戊二烯基-4-苯基-9,10-二氢-苯并吡喃-2-酮(香豆素)[7-hydroxy-5-O-methyl-8-(3-methyl-2-butylene)-4-phenyl-9,10-dihydro-benzopyran-2-one]，命名为木豆内酯（cajanuslactone）。该化合物经文献检索未见报道，为天然新化合物。

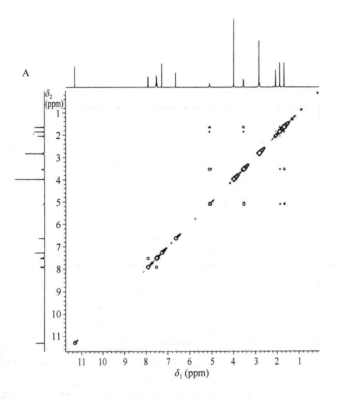

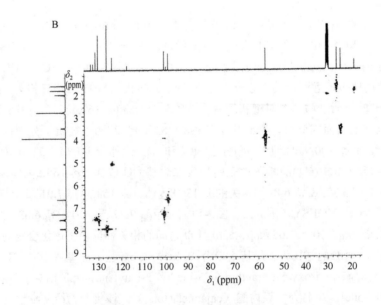

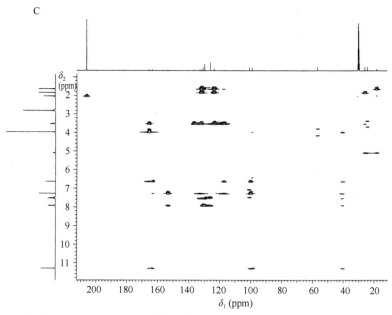

图3-11　新化合物cajanuslactone（2）的^{1}H-^{1}H COSY（A）、HMQC（B）和HMBC（C）谱
（500MHz, 丙酮-d_6）

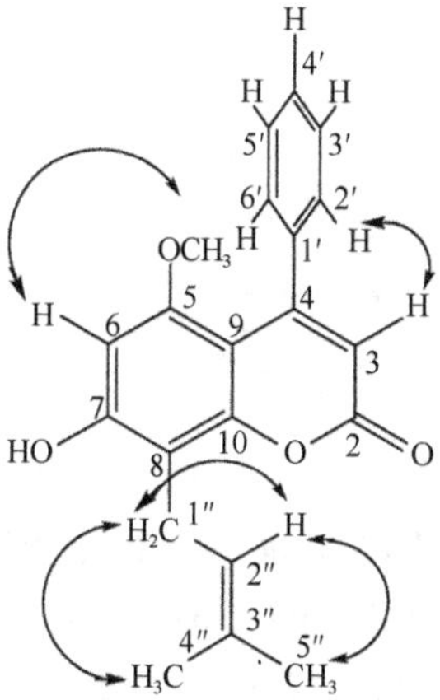

图3-12　新化合物cajanuslactone（2）的化学结构及其主要NOESY相关关系（双箭头所示）

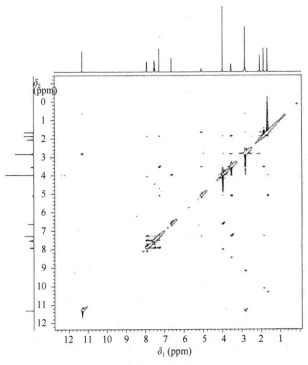

图3-13　新化合物cajanuslactone（2）的NOESY相关谱

3. 木豆素C的结构鉴定

化合物3：白色针晶（氯仿），紫外365nm显示亮紫色荧光。通过高分辨质谱HR-ESI-MS（m/z 294.1998, [M]$^+$）确定分子式为$C_{20}H_{22}O_2$（calc. 294.1984, error: 5 ppm），ESI-MS [m/z 295 (M+H)$^+$]（图3-14）。1D-NMR分析（图3-15）显示，^{1}H-NMR (500MHz, CDCl$_3$)给出氢信号：δ 7.48 (d, J=7.1Hz, 2H, H-10, H-14), 7.38 (m, 3H, H-11, H-12, H-13), 7.27 (d, J=10.6Hz, 1H, H-7), 6.93 (d, J=16.0Hz, 1H, H-8), 6.68 (s, 1H, H-2), 6.37 (s, 1H, H-4), 5.11 (s, 1H, H-2′) , 3.42 (d, J=4.7Hz, 2H, H-1′)及甲氧基氢信号3.83 (s, 3H, -OCH$_3$)、甲基氢信号1.80 (s, 3H, CH$_3$, H-4′)和1.68 (s, 3H, CH$_3$, H-5′)。^{13}C-NMR (125MHz, CDCl$_3$)给出相应碳信号：δ 158.6 (C-5), 154.4 (C-3), 138.0 (C-1), 137.6 (C-9), 131.0 (C-3′), 130.6 (C-11, C-13), 128.7 (C-10, C-14), 127.7 (C-12), 126.6 (C-8), 126.5 (C-7), 123.5 (C-6), 121.1 (C-2′, 104.2 (C-2), 98.6 (C-4), 55.8 (-OCH$_3$), 25.8 (C-1′),

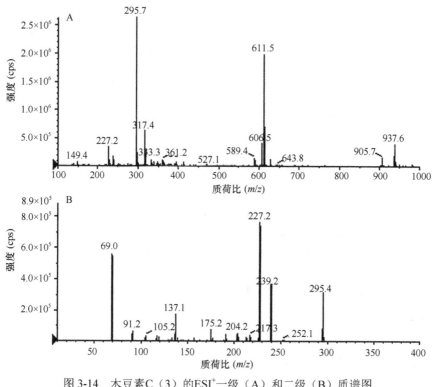

图 3-14　木豆素 C（3）的 ESI⁺一级（A）和二级（B）质谱图

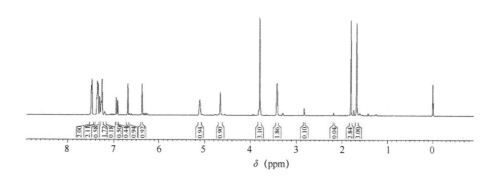

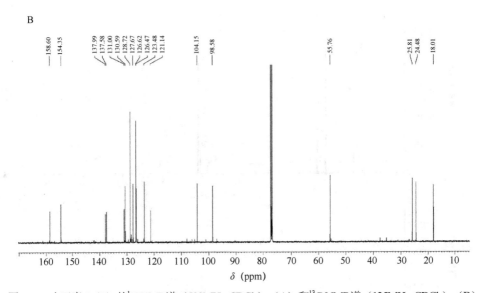

图3-15　木豆素C（3）的^{1}H-NMR谱（500MHz, CDCl$_3$）（A）和^{13}C-NMR谱（125MHz, CDCl$_3$）（B）

24.5 (C-5′), 18.0 (C-4′)。COSY谱（图3-16）证实该化合物还有异戊二烯基。上述波谱数据与文献报道的longistyline C基本一致，因此可确认该化合物为木豆素C（longistyline C）（Zhang et al.，2005）。

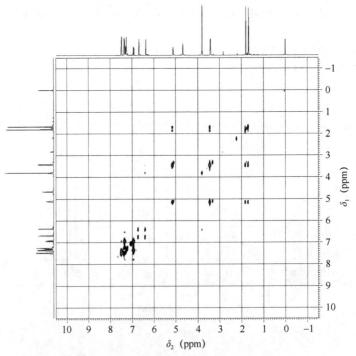

图3-16　木豆素C（3）的^{1}H-^{1}H COSY谱（500MHz, CDCl$_3$）

4.球松素的结构鉴定

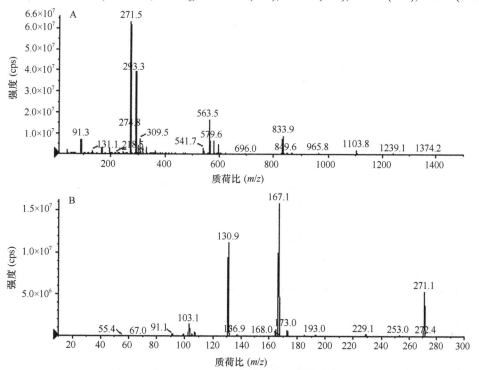

化合物4：无色片状晶体（甲醇），m.p. 103℃。紫外254nm吸收明显。ESI-MS [m/z 271.1 (M+H)$^+$]，其二级质谱分子碎片167 [M-103]$^+$, 103 [M-167]$^+$, 131 [M-103-36]$^-$（图3-17）。高分辨质谱HR-ESI-MS（m/z 270.0892, [M]$^{+\cdot}$）确定分子式为C$_{16}$H$_{24}$O$_4$（calc. for 270.0891, error: 0.3ppm）。NMR谱分析结果（图3-18）表明，^{1}H-NMR (500MHz, MeOD)给出芳香区质子信号：δ 7.41(m, 5H)，说明存在无取代基苯环，δ 3.79 (s, 3H)提示甲氧基存在，δ 6.05 (d, J=2.72Hz, 2H)提示羟基与甲氧基处于间位。^{1}H-NMR (500MHz, MeOD): δ 12.00 (1H, s, 5-OH), 7.41(5H, m, H-2′, H-3′, H-5′, H-6′), 6.05 (2H, d, J=2.72Hz, H-6, H-8), 5.39 (1H, dd, J=12.84Hz, 2.76Hz, H-2), 3.79 (3H, s, 7-OMe), 3.06 (1H, dd, J=15.14Hz, 12.84Hz, H-3), 2.79 (1H, dd, J=14.68Hz, 2.76Hz, H-3)。^{13}C-NMR (100MHz, CDCl$_3$): δ 195.9 (C-4), 168.2 (C-7), 164.9 (C-5), 163.1 (C-9),

图3-17 球松素（4）的ESI$^+$一级（A）和二级（B）质谱图

138.9 (C-1′), 128.8 (C-3′, 4′, 5′), 126.3 (C-2′, 6′), 103.6 (C-10), 95.3 (C-6), 94.5 (C-8), 79.2(C-2), 55.6 (C-7-OMe), 43.4 (C-3)。上述波谱数据与文献报道的球松素基本一致，因此可确认该化合物为球松素（pinostrobin）（López-Pérez et al.，2005）。

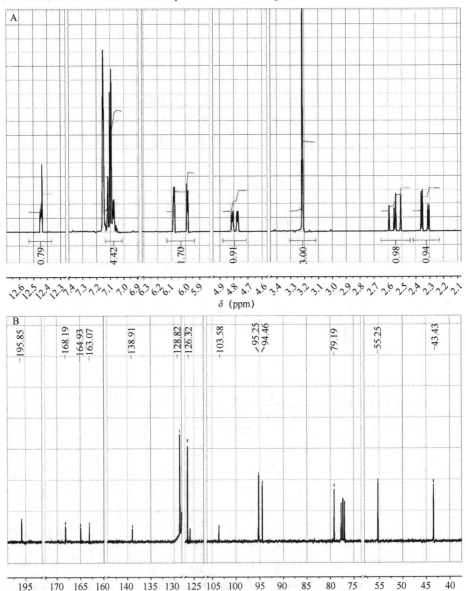

图 3-18　球松素（4）的^{1}H-NMR谱（500MHz, MeOD）（A）和^{13}C-NMR谱（100MHz, CDCl$_3$）（B）

5. 球松素查耳酮的结构鉴定

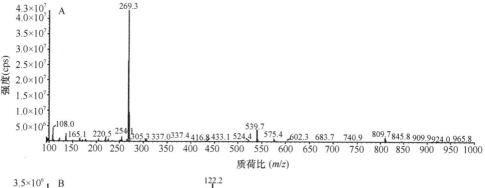

化合物5：橘红色结晶（氯仿），m.p. 149~151℃。三氯化铁反应呈绿色（含酚羟基），紫外365nm呈亮橘色荧光，254nm吸收明显。ESI-MS [m/z 269.9 (M-H)$^-$]，其二级质谱分子碎片165 [M-104]$^-$（图3-19）。高分辨质谱HR-ESI-MS（m/z 270.1527，[M]$^{+\cdot}$）确定分子式为$C_{16}H_{24}O_4$（calc. for 270.1153, error: 1.32ppm）。NMR谱分析如图3-20所示，^{1}H-NMR (500MHz, MeOD)：δ 8.18 (d, J=15.7Hz, 1H, H-9)，7.71 (d, J=15.7Hz, 1H, H-8)，7.59 (dd, J=7.6Hz, 1.6Hz, 2H, H-11, H-15)，7.40~7.34 (m, 3H, H-12, H-13, H-14)，5.94 (s, 2H, H-3, H-5)，3.76 (s, 3H, -OCH$_3$)。^{13}C-NMR (125MHz, MeOD)：δ 194.3 (C-7), 167.8(C-4), 165.9(C-6, C-2), 143.2(C-9), 136.9(C-10), 131.2(C-12, C-14), 129.9(C-11, C-15), 129.4(C-13), 128.7(C-1), 106.6(C-5), 94.6 (C-3), 55.9(-OCH$_3$)。上述波谱数据与文献报道的球松素查耳酮基本一致，因此可确认该化合物为球松素查耳酮（pinostrobin chalcone）（Cuong et al., 1996）。

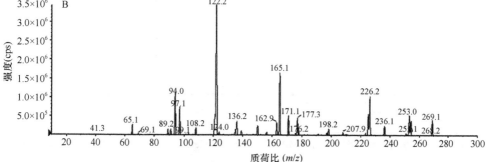

图3-19　球松素查耳酮（5）的ESI$^-$一级（A）和二级（B）质谱图

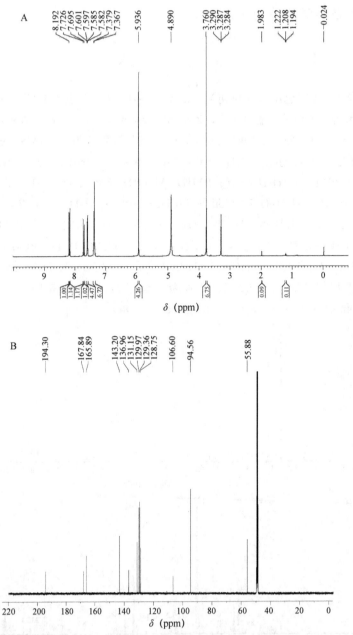

图3-20　球松素查耳酮（5）的 ^{1}H-NMR谱（500MHz, MeOD）（A）和 ^{13}C-NMR谱（125MHz, MeOD）（B）

6. 木豆芪酸的结构鉴定

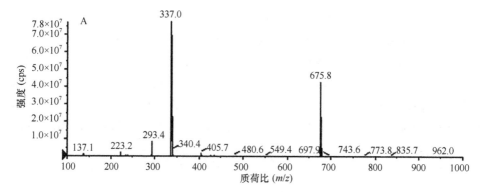

化合物6：白色结晶（甲醇），m.p. 159~162℃。三氯化铁反应呈绿色（含酚羟基），浓硫酸/乙醇溶液加热反应有芳香气味产生（含羧基），紫外365nm呈亮绿色荧光，254nm吸收明显。高分辨质谱HR-ESI-MS（m/z 338.2096, [M]⁻）确定分子式为$C_{21}H_{22}O_4$（calc. for 338.2010, error: 1.23ppm）。ESI-MS [m/z 337.3 (M-H)⁻]，其二级质谱分子碎片为293 [M-55]⁻, 223 [M-114]⁻, 238 [M-99]⁻, 277 [M-60]⁻, 235 [M-102]⁻（图3-21），其可能的裂解规律如图3-22所示。

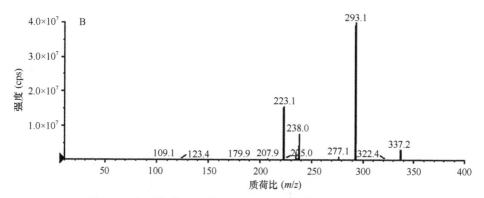

图3-21　木豆芪酸（6）的ESI⁻一级（A）和二级（B）质谱图

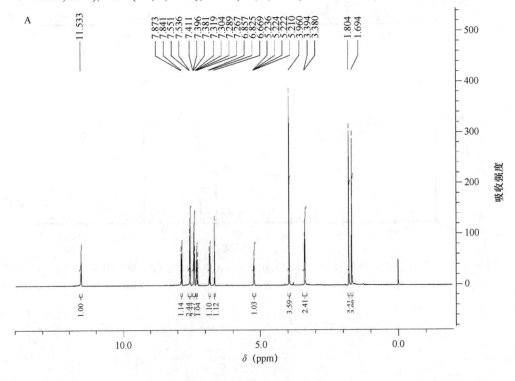

图3-22　木豆芪酸（6）可能的质谱裂解

采用1D-NMR谱分析进一步确认该化合物的结构，如图3-23所示，^{1}H-NMR (500 MHz, CDCl$_3$): δ 11.53 (1H, s, 3-OH), 7.84 (1H, d, J=16.0Hz, H-7), 7.55 (2H, d, J=7.5Hz, H-10, H-14), 7.38 (2H, t, H-11, H-13), 7.31 (1H, t, H-12), 6.83 (1H, d, J=16.0Hz, H-8), 6.67 (1H, s, H-6), 5.21(1H, dd, J=6.0Hz, 6.0Hz, H-2'), 3.96 (3H, s, 5-OMe), 3.39 (2H, d, J=7.0Hz, H-1'), 1.80 (3H, s, H-4'), 1.69 (3H, s, H-5')。^{13}C-NMR (125MHz, CDCl$_3$)显示

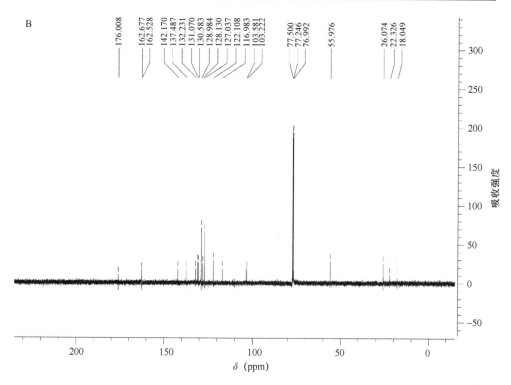

图3-23　木豆芪酸（6）的^{1}H-NMR谱（500MHz, CDCl$_3$）（A）和^{13}C-NMR谱（125MHz, CDCl$_3$）（B）

该化合物有19种类型的碳信号：δ 176.0 (COOH), 162.7 (C-5), 162.5 (C-3), 142.2 (C-1), 137.5 (C-9), 132.2 (C-3′), 131.1 (C-8), 130.6 (C-7), 129.0 (C-11, 13), 128.1 (C-12), 127.0 (C-10, 14), 122.1 (C-2′), 117.1 (C-4), 103.6 (C-2), 103.2 (C-6), 56.0 (C-5-OMe), 26.1 (C-5′), 22.3 (C-1′), 18.0 (C-4′)，其中δ 176.0为羧基碳信号，δ 56.0为甲氧基碳信号。上述波谱数据与文献报道的3-hydroxy-4-prenyl-5-methoxystilbene-2-carboxylic acid一致，因此确定该化合物为3-羟基-4-异戊二烯基-5-甲氧基芪-2-羧酸，公式表示为(E)-3-hydroxy-5-methoxy-4-(3-methylbut-2-en-1-yl)-styrylbenzoic acid，命名为木豆芪酸（cajaninstilbene acid）（López-Pérez et al., 2005）。

7. 12-羟基木豆芪酸的结构鉴定

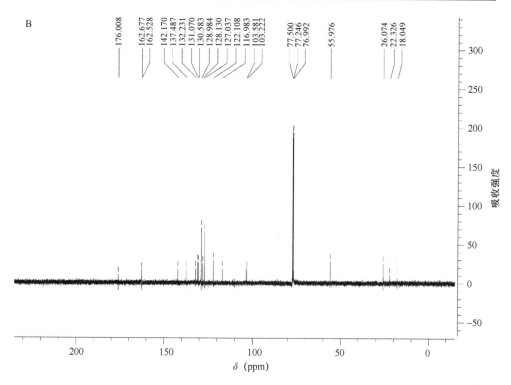

化合物7：无色棱晶，三氯化铁反应呈绿色（含酚羟基），浓硫酸/乙醇溶液加热反应有芳香气味产生（含羧基），紫外254nm吸收明显。高分辨质谱HR-ESI-MS

（m/z 354.2242, [M]⁻）确定分子式为$C_{21}H_{22}O_5$（calc. for 354.1537, error: 3.23ppm）。如图3-24所示，ESI-MS m/z 353.4 [M-H]⁻，在m/z 353.4的二级负离子质谱分析给出309 [M-44]⁻，335 [M-H₂O]⁻其裂解规律与化合物6相似。

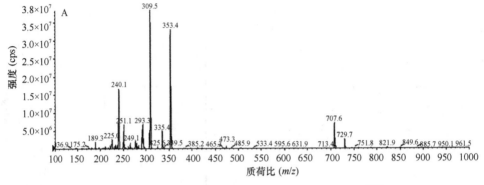

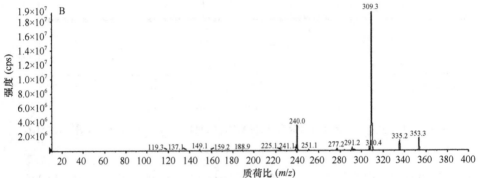

图3-24　12-羟基木豆芪酸（7）的ESI⁻一级（A）和二级（B）质谱图

该化合物的1D-NMR谱如图3-25、图3-26所示，¹H-NMR (500MHz, DMSO-d_6)给出3个甲基信号δ 3.83 (s, 3H)、1.63 (s, 3H)和1.50 (s, 3H)，1个亚甲基信号δ 3.17 (2H)、1个烯质子信号4.88 (d, J=26.9Hz, 1H)，综合分子式、¹H-NMR（图3-25）、¹³C-NMR（图3-26）数据与化合物3、6、3-hydroxy-4-prenyl-5-methoxystilbene-2-carboxylic acid及白藜芦醇衍生物的相关谱图比较，推测该化合物为芪类物质（Shimomura et al., 1988）。¹H-NMR (500MHz, DMSO-d_6): δ 8.04 (br s, 2H, H-7, H-8), 7.60-7.45 (m, 4H, H-10, H-11, H-13, H-14), 6.51 (s, 1H, H-6), 4.88 (t, 1H, H-2′), 4.67 (br s, 1H, 12-OH), 3.83 (s, 3H,-OCH₃), 3.17 (d, J=5.2Hz, 2H, H-1′), 1.63(s, 3H, H-5′), 1.50 (s, 3H, H-4′)。¹³C-NMR (125MHz, DMSO-d_6): δ 173.2 (-COOH), 170.0 (C-5), 161.8 (C-3), 142.8 (C-12), 137.6 (C-1), 133.7 (C-3′), 131.4 (C-8), 130.8 (C-9), 129.1 (C-10, C-14), 128.3 (C-7), 125.9 (C-2′), 123.4 (C-4), 122.6 (C-13), 121.9 (C-11), 107.3 (C-2), 98.6 (C-6), 56.30 (-OCH₃), 25.8 (C-4′), 24.9 (C-1′), 18.0 (C-5′)。与化合物6相比，在H化学位移4.67 (br s, 1H, 12-OH) 有所不同，其NMR谱图同样显示异戊二烯基团存在，但7.60~7.45 (m, 4H,

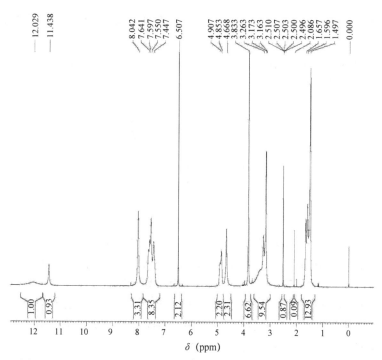

图3-25　12-羟基木豆芪酸（7）的 ^{1}H-NMR谱（500MHz，DMSO- d_6 ）

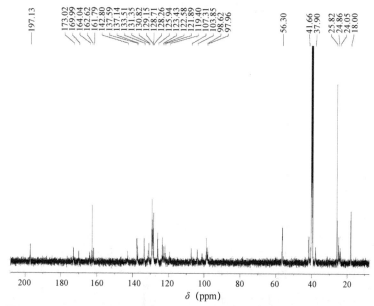

图3-26　12-羟基木豆芪酸（7）的 ^{13}C-NMR谱（125MHz，DMSO- d_6 ）

H-10, H-11, H-13, H-14) 表明该化合物的苯环为单取代，故确定该化合物为3,12-二羟基-4-异戊二烯基-5-甲氧基芪-2-羧酸（3,12-dihydroxy-4-prenyl-5-methoxystilbene-2-carboxylic acid），与化合物6比较，命名为12-羟基木豆芪酸（12-hydroxy cajaninstilbene acid）。该化合物经文献检索，未见报道，为天然新化合物。

8. 芹菜素的结构鉴定

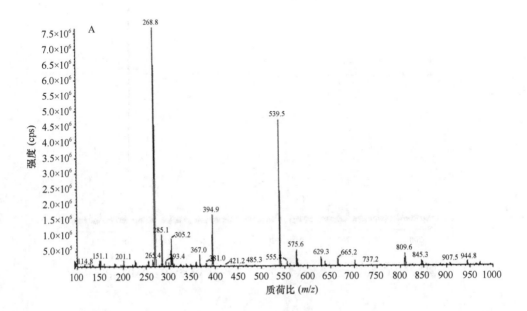

化合物8：淡黄色无定形粉末，1% AlCl$_3$反应呈黄色，三氯化铁反应呈绿色（含酚羟基），紫外254nm吸收明显。ESI-MS [m/z 269 (M-H)$^-$]，二级质谱分子碎片为121 [M-148]$^-$，227 [M-42]$^-$（图3-27）。NMR谱如图3-28所示，^{1}H-NMR (500MHz, DMSO-d_6): δ 7.96 (m, 1H), 7.94 (m, 1H), 6.96 (m, 1H), 6.94 (m, 1H), 6.80 (d, J=2.3Hz, 1H), 6.50 (t, J=2.0Hz, 1H), 6.21 (t, J=2.1Hz, 1H)。^{13}C-NMR (125MHz, DMSO-d_6): δ 182.2 (C-4), 164.4 (C-7), 164.1 (C-2), 161.6 (C-5), 161.4 (C-9), 157.8 (C-4′), 129.0 (C-2′, C-6′), 121.7 (C-1′), 116.4 (C-3′, C-5′), 104.2 (C-3), 103.4 (C-10), 99.2 (C-6), 94.4 (C-8)。综合以上波谱数据，与文献报道一致，鉴定为芹菜素（apigenin）（Koh et al., 2001）。

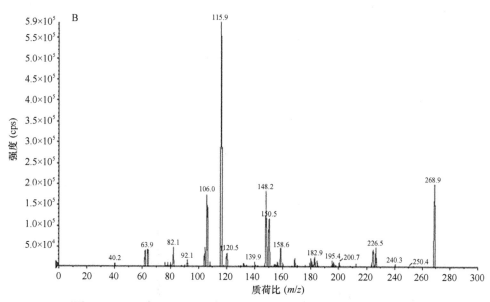

图 3-27　芹菜素（8）的ESI一级（A）和二级（B）质谱图

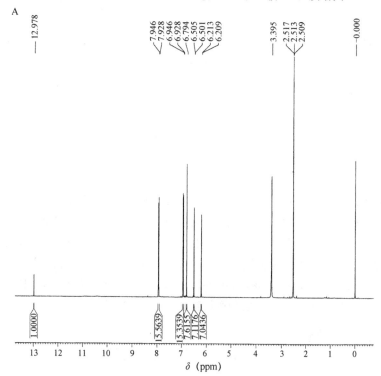

B

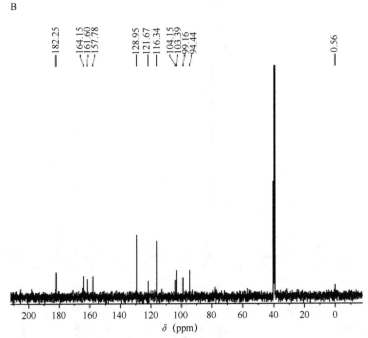

图3-28 芹菜素（8）的^{1}H-NMR谱（500MHz, DMSO-d_6）（A）和^{13}C-NMR谱（125MHz, DMSO-d_6）（B）

9. 木犀草素的结构鉴定

化合物9：淡黄色无定形粉末，m.p. 324~326℃。1% AlCl$_3$反应呈黄色，三氯化铁反应呈绿色（含酚羟基），紫外254nm吸收明显。ESI-MS [m/z 284 (M-H)]$^-$，二级质谱分子碎片为133 [M-151]$^-$、107 [M-177]$^-$、175 [M-109]$^-$（图3-29）。化合物9与木犀草素对照品混合物共同薄层色谱只显示1个斑点，高效液相色谱-二极管阵列检测器（high performance liquid chromatography-diode array detector, HPLC-DAD）显示单一色谱峰且UV与木犀草素一致，因此确定该化合物为木犀草素（luteolin）。

10. 柚皮素的结构鉴定

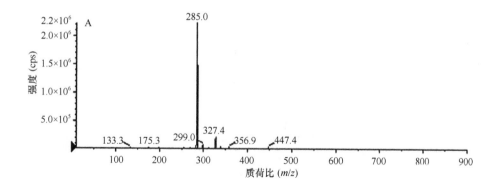

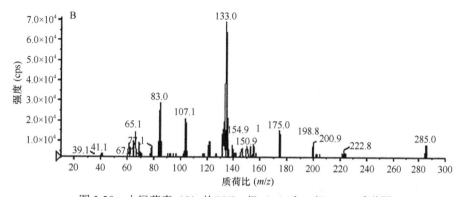

图 3-29　木犀草素（9）的 ESI⁻ 一级（A）和二级（B）质谱图

化合物 10：白色晶体，1% $AlCl_3$ 反应呈黄色，三氯化铁反应呈绿色（含酚羟基），紫外 254nm 吸收明显。如图 3-30 所示的一级和二级质谱图，ESI-MS [m/z 271 (M-H)⁻]，主要二级碎片离子分别为 151.1, 177.3, 107.3, 165.2, 125.4, 118.9, 227.1。由质谱二级碎片离子分析可知 151.1 和 118.9 两个碎片离子的产生是黄酮苷元 C 环断裂产生 Retro-Diels-Alder 反应，而碎片离子 177.3 则是黄酮苷元 B 环丢失产生。将该化合物 TLC 分析的 R_f 值及 UV、HPLC 保留时间、质谱裂解模式与对照品柚皮素比较，确定该化合物为柚皮素（naringenin）。

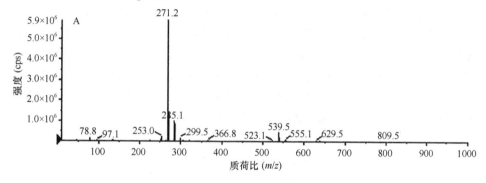

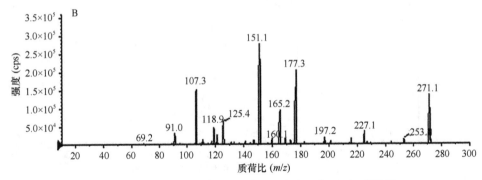

图3-30　柚皮素（10）的ESI⁻一级（A）和二级（B）质谱图

11. 芹菜素-8-C-α-L-阿拉伯糖苷的结构鉴定

化合物11：淡黄色无定形粉末，1% AlCl₃反应呈黄色，365nm处呈黄色。ESI-MS [*m/z* 401 (M-H)⁻]，结合NMR确定其分子式为$C_{20}H_{18}O_9$。二级负离子质谱分析得到产物离子峰二级质谱分子碎片为311 [M-H-90]⁻，341 [M-H-60]⁻，283 [M-H-117]⁻，323 [M-H-78]⁻（图3-31），可以推断化合物11为由1个五碳糖与苷元直接相连的黄酮碳苷（任玉琳和杨峻山，2001）。1D-NMR分析如图3-32所示，¹H-NMR (500MHz, CD₃OD)给出芳香区质子信号δ 8.06 (d, *J*=10Hz, 2H, H-2′, H-6′), 7.01 (d, *J*=10Hz, 2H, H-3′, H-5′), 6.24 (s, 1H)及一个独立未耦合的黄酮母核3位H的特征信号δ 6.64 (s, 1H)，同时还给出了一个阿拉伯糖端基质子信号δ 5.05 (br s, 1H)和5个阿拉伯糖上的质子信号3.80~4.28 (m, 5H)。说明该化合物为一个黄酮类苯环四取代型-C-arabinoside类化合物，其余3个取代基为羟基。¹³C-NMR (125MHz, CD₃OD)显示该化合物还有18种类型的碳信号，δ 202.5为羰基碳信号(C-4)，δ 184.4 (C-2), 183.0 (C-7), 181.8 (C-5), 181.1 (C-9, C-4′), 148.9 (C-2′, C-6′), 142.6 (C-1′), 136.0 (C-3′, C-5′), 124.4 (C-8), 123.8 (C-10), 123.0 (C-3), 119.6 (C-6)及5个糖上碳信号δ 95.9, 94.3, 90.5, 89.1, 79.7。与化合物8比较，C-8化学位移向低场位移10ppm，推测糖连接在C-8位，根据文献报道的芹菜素C-8位α与β构型的L-阿拉伯糖苷化学位移数据确认该化合物为芹菜素-8-C-α-L-阿拉伯糖苷（apigenin-8-C-α-L-arabinoside）（Pan et al.，2004；乔善义等，2003；Dou et al.，2002）。

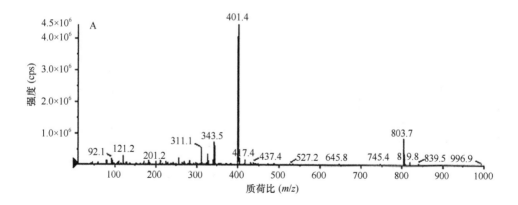

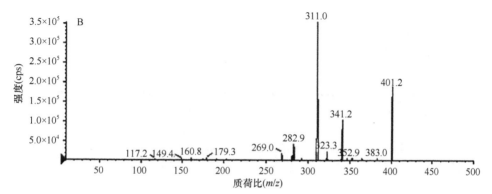

图3-31　芹菜素-8-C-α-L-阿拉伯糖苷（11）的ESI一级（A）和二级（B）质谱图

A

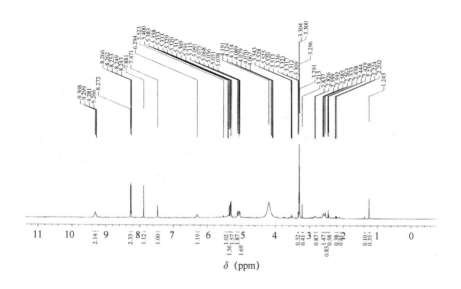

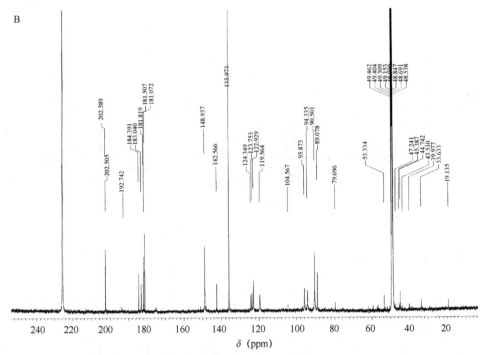

图3-32　芹菜素-8-C-α-L-阿拉伯糖苷（11）的¹H-NMR谱（500MHz, CD₃OD）（A）和
¹³C-NMR谱（125MHz, CD₃OD）（B）

12. 牡荆苷的结构鉴定

化合物12：黄色无定形晶体，ESI-MS m/z 431 [M-H]⁻，431.5 [M+H]⁺，在m/z 431的二级负离子质谱分析中给出341 [M-90]⁻，311 [M-120]⁻，283 [M-148]⁻（图3-33）。在乙酸乙酯-甲醇=10∶1、氯仿-丙酮=1∶1和氯仿-甲醇=8∶1三种溶剂系统中TLC R_f值分别为0.40、0.32、0.35，与对照品牡荆苷相同，其HPLC保留时间、UV谱和质谱裂解规律与对照品牡荆苷也相同，确定该化合物为牡荆苷（vitexin）。

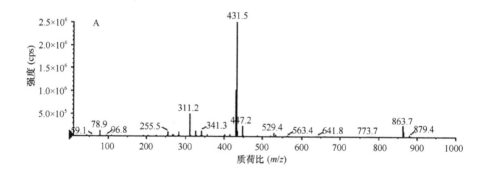

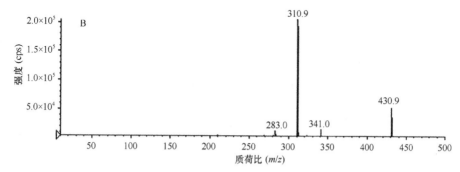

图3-33 牡荆苷（12）的ESI⁻一级（A）和二级（B）质谱图

13. 异牡荆苷的结构鉴定

化合物13：黄色无定形晶体，ESI-MS *m/z* 431 [M-H]⁻，433 [M+H]⁺，在 *m/z* 431的二级负离子质谱分析同化合物12，给出341 [M-90]⁻、311 [M-120]⁻、283 [M-148]⁻、269 [M-152]⁻（图3-34）。在乙酸乙酯-甲醇=10∶1、氯仿-丙酮=1∶1和氯仿-甲醇=8∶1三种溶剂系统中TLC R_f值分别为0.43、0.35、0.40，与对照品异牡荆苷相同，其HPLC保留时间、UV谱和质谱裂解规律与对照品异牡荆苷均一致。NMR谱图如图3-35所示，¹H-NMR（500MHz，DMSO）给出质子信号：δ 7.38（d, *J*=8.2Hz, H-2′, H-6′），6.85（d, *J*=8.3Hz, H-3′, H-6′），6.71（s, H-3），6.51（s, H-8），5.04（br s, glucosyl H-1″），3.40~3.92（m, 6H, glucosyl H）。¹³C-NMR（125MHz, DMSO）给出碳信号：δ 182.5（C-4），164.8（C-7），163.6（C-3），159.3（C-4′），159.0（C-5），155.3（C-9），131.4（C-2′, C-6′），123.1（C-4），116.3（C-3′, C-5′），108.0（C-10），101.6（C-3），101.1（C-8），95.8（C-5″），78.4（C-3″），77.8（C-1″），74.7（C-4″），71.2（C-2″），62.4（C-6″）。与文献比较，确定该化合物为异牡荆苷（isovitexin）（Xie et al.，2003）。

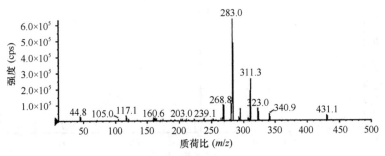

图3-34　异牡荆苷（13）的二级质谱图

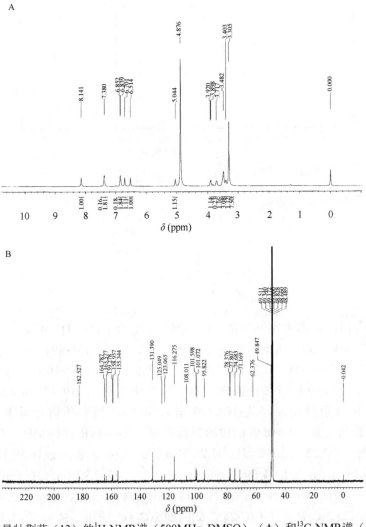

图3-35　异牡荆苷（13）的¹H-NMR谱（500MHz, DMSO）（A）和¹³C-NMR谱（125MHz, DMSO）（B）

14. 荭草苷的结构鉴定

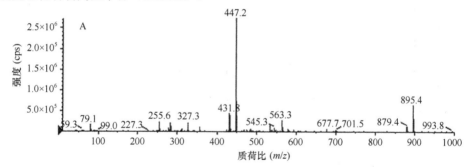

化合物14：黄色无定形晶体，1% AlCl$_3$反应呈黄色，365nm处呈黄色斑点。ESI-MS m/z 447 [M-H]$^-$, 449 [M+H]$^+$, m/z 447的二级负离子质谱给出离子369 [M-H-60]$^-$, 357 [M-H-90]$^-$, 327 [M-H-120]$^-$（图3-36），为黄酮的六碳糖碳苷。在乙酸乙酯-甲醇=10∶1、氯仿-丙酮=1∶1和氯仿-甲醇=8∶1三种溶剂系统中TLC R_f值分别为0.25、0.22、0.20，与对照品荭草苷相同，其在HPLC的保留时间与对照品荭草苷也相同，确定该化合物为荭草苷（orientin）。

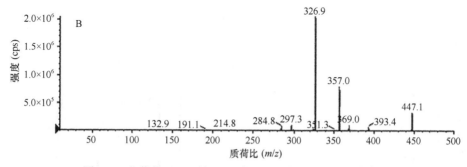

图3-36　荭草苷（14）的ESI$^-$一级（A）和二级（B）质谱图

15. 芹菜素-6,8-二-C-α-L-吡喃阿拉伯糖苷的结构鉴定

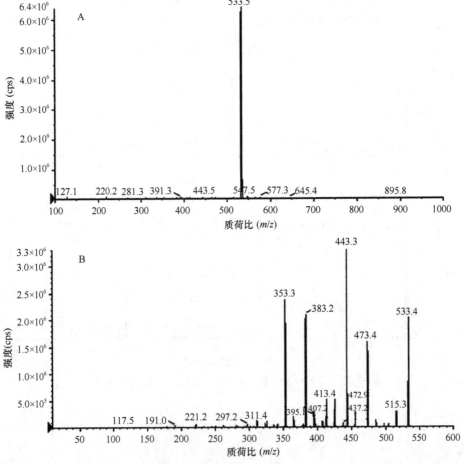

化合物15：黄色晶体，高分辨质谱HR-ESI-MS（m/z 534.1652，[M-H]$^-$）确定分子式为$C_{25}H_{26}O_{13}$（calc. for 534.1679, error: 3.94ppm）。ESI-MS m/z 533.3 [M-H]$^-$，二级负离子质谱分析得到产物离子峰473 [M-H-60]$^-$，443 [M-H-90]$^-$，383 [443-60]$^-$，353 [443-90]$^-$（图3-37）。规律性地得到产物60、90、120质量单位的碎片离子，可以推断化

图3-37　芹菜素-6,8-二-C-α-L-吡喃阿拉伯糖苷（15）的ESI$^-$一级（A）和二级（B）质谱图

合物15为由两个糖分别与苷元直接相连的黄酮二碳苷。经1D-NMR谱分析（图3-38），
^{1}H-NMR (500MHz, CD$_3$OD)给出芳香区质子信号δ 8.19 (br s, 2H), 6.90 (d, J = 9Hz,
2H)，以及一个独立未耦合的H δ 6. 60 (s, 1H)，是黄酮母核3位H的特征信号，同时
在δ 3.31~4.81给出的12个质子信号提示两个糖的存在，其中，4.81 (1H)和4.46 (1H)
为糖的端基H信号，并且提示糖的构型为α构型，3.31~4.10 (m, 10H)组峰为糖上
的10个质子信号。^{13}C-NMR (125MHz, CD$_3$OD)显示该化合物还有17种类型的碳信
号，其中化学位移δ 184.4为羰基碳信号(C-3)，δ 60~80的糖基碳信号与文献报道
的apigenin-6,8-Di-C-α-L-arabinopyranoside相应数据基本　一致（Hu et al.，2006；
Peng et al.，2005）。^{1}H-NMR (500MHz, CD$_3$OD): δ 8.20 (br s, 2H, H-2′, 6′),
6.91 (d, J=9Hz, 2H, H-3′, 5′), 6.63 (s, 1H, H-3); Glc: 4.81 (1H, H-1″), 4.46 (1H,
H-1‴), 3.31~4.10 (m, 10H)。^{13}C-NMR (125MHz, DMSO): δ 184.4 (C-3), 166.8(C-3),
162.8(C-3), 162.7(C-3), 160.6(C-3), 130.7(C-3), 129.9(C-3), 123.1(C-3), 117.0(C-3),
108.3(C-3), 105.5(C-3), 103.5(C-3), Ara: 76.4(C-1″, C-1‴), 75.3(C-3″, C-3‴), 72.7(C-3),
72.0(C-3), 70.5(C-3)。故确定化合物为芹菜素-6,8-二-C-α-L-吡喃阿拉伯糖苷
（apigenin-6,8-Di-C-α-L-arabinopyranoside）。

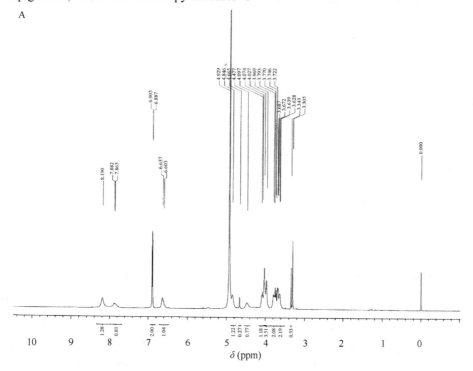

B

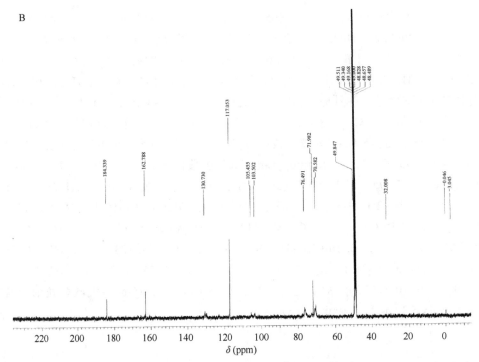

图3-38　芹菜素-6,8-二-C-α-L-吡喃阿拉伯糖苷（15）的^{1}H-NMR谱（500MHz, CD$_3$OD）（A）
和^{13}C-NMR谱（125MHz, CD$_3$OD）（B）

16. 芹菜素-6-C-β-D-吡喃葡萄糖基-8-C-α-L-阿拉伯糖苷的结构鉴定

化合物16：淡黄色粉末，1% AlCl$_3$反应呈黄色，紫外254nm和365nm吸收明显。盐酸-镁粉反应呈阳性，推测该化合物为黄酮糖苷类。高分辨质谱HR-ESI-MS（m/z 564.1775, [M-H]$^-$）确定分子式为C$_{26}$H$_{28}$O$_{14}$（calc. for 564.1784, error: 1.61ppm）。ESI-MS [m/z 563.3 (M-H)$^-$, 565.1 (M+H)$^+$]，在m/z 563.3的二级负离子质谱分析中存在产物离子峰473 [M-H-60]$^-$, 443 [M-H-90]$^-$, 383 [443-60]$^-$, 353 [443-90]$^-$（图3-39）。规律性地得到产物0、90、120质量单位的碎片离子，表明该化合物的苷元以碳苷键的形式与两个糖连接，并且糖基为一个五碳糖和一个为六碳糖。

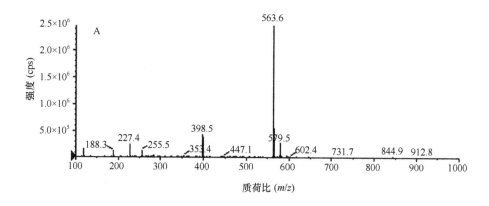

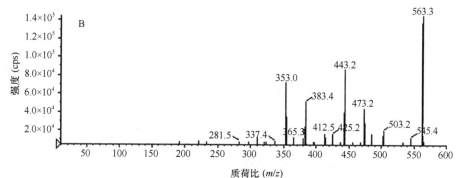

图3-39　芹菜素-6-C-β-D-吡喃葡萄糖基-8-C-α-L-阿拉伯糖苷（16）的ESI⁻一级（A）和
二级（B）质谱图

^{1}H-NMR (500MHz, CD$_3$OD)（图3-40A）给出芳香区质子信号 δ 7.90 (d, J=8.1Hz, 2H), 6.90 (d, J=8.7Hz, 2H)，以及黄酮母核3位H的特征信号6.61 (s, 1H)，推断该

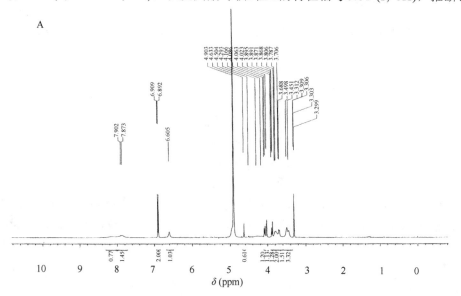

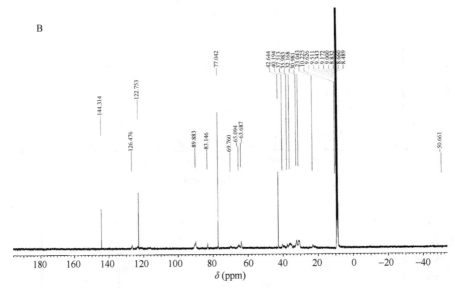

图3-40 芹菜素-6-C-β-D-吡喃葡萄糖基-8-C-α-L-阿拉伯糖苷（16）的¹H-NMR谱（500MHz, CD₃OD）（A）和¹³C-NMR谱（125MHz, DMSO）（B）

化合物母核为芹菜素。¹H-NMR与¹³C-NMR谱（图3-40）数据与apigenin-6-C-β-D-glucopyranosyl-8-C-α-L-arabinopyranoside的相应数据对照基本一致。¹H-NMR (500MHz, CD₃OD): δ 7.90 (d, J=8.1Hz, 2H), 6.90 (d, J=8.7Hz, 2H), 6.61 (s, 1H); Glc: 4.63 (s, 1H), 3.45~4.17 (m, 12H)。¹³C-NMR (125MHz, DMSO): δ 144.3, 126.5, 122.8, 89.9, 83.2, 77.0, 69.8, 65.1, 63.7, 42.6, 40.2, 37.5, 36.0, 32.2, 23.0。因此确定该化合物为芹菜素-6-C-β-D-吡喃葡萄糖基-8-C-a-L-阿拉伯糖苷（apigenin-6-C-β-D-glucopyranosyl-8-C-α-L-arabinopyranoside）。

17. 芹菜素-6-C-α-L-吡喃阿拉伯糖基-8-C-β-D-葡萄糖苷的结构鉴定

化合物17：淡黄色粉末，1% AlCl₃反应呈黄色，紫外254nm和365nm吸收明显。盐酸-镁粉反应呈阳性，推测该化合物黄酮糖苷类。高分辨质谱HR-ESI-MS （*m/z* 564.1883, [M-H]⁻）确定分子式为$C_{26}H_{28}O_{14}$（calc. for 564.1479, error: 2.51ppm）。图3-41为其质谱图，在正、负离子模式下分别给出一级质谱信号 ESI-MS *m/z* 563.3 (M-H)⁻，在*m/z* 563.3的二级负离子质谱分析中存在产物离子峰473 [M-H-60]⁻，443 [M-H-90]⁻，383 [443-60]⁻，353 [443-90]⁻，说明该化合物为黄酮碳苷。

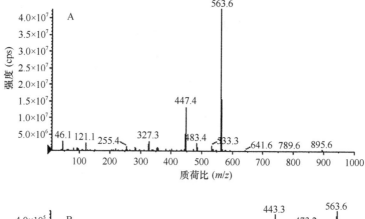

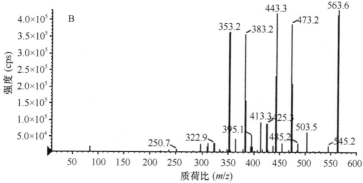

图3-41 芹菜素-6-C-α-L-吡喃阿拉伯糖基-8-C-β-D-葡萄糖苷（17）的ESI⁻一级（A）和
二级（B）质谱图

¹H-NMR及¹³C-NMR谱（图3-42）提供的数据与化合物16比较，确定该化合物的母核为芹菜素，其¹³C-NMR数据与apigenin-6-C-α-L-arabinopyranosyl-8-C-β-D-glucopyranoside的相应数据比较基本一致。¹H-NMR (500MHz, CDCl₃): δ 7.99 (d, *J* = 8.7Hz, 2H), 6.93 (d, *J* = 8.6Hz, 2H), 6.63 (s, 1H); Glc: 4.62 (s, 1H), 3.33~4.10 (m, 12H)。¹³C-NMR (125MHz, DMSO): δ 184.3, 166.7, 162.9, 160.3, 157.4, 130.2, 123.4, 117.1, 108.3, 105.7, 103.8, 83.0, 80.2, 76.5, 75.2, 73.1, 72.4, 72.0, 71.2, 70.4, 63.0。因此确定化合物为芹菜素-6-C-α-L-吡喃阿拉伯糖基-8-C-β-D-葡萄糖苷（apigenin-6-C-α-L-arabinopyranosyl-8-C-β-D-glucopyranoside）。

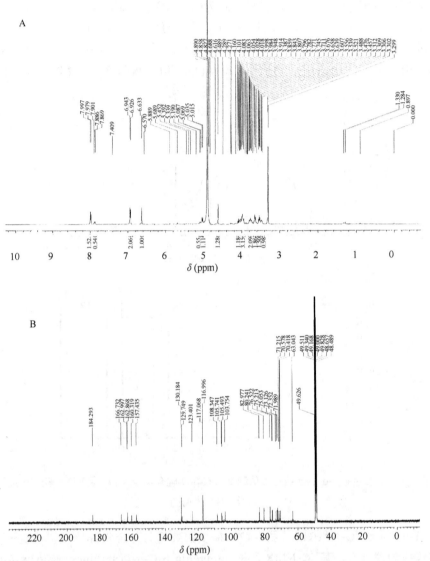

图3-42　芹菜素-6-C-α-L-吡喃阿拉伯糖基-8-C-β-D-葡萄糖苷（17）的^{1}H-NMR谱（500MHz，CDCl$_3$）（A）和^{13}C-NMR谱（125MHz，CD$_3$OD）（B）

18. 染料木苷的结构鉴定

化合物18：白色无定形粉末，1% AlCl₃反应呈黄色，紫外254nm和365nm吸收明显。盐酸-镁粉反应呈阳性，推测该化合物黄酮糖苷类。ESI-MS m/z 431 [M-H]⁻，其二级质谱碎片为269 [M-H-162]⁻（图3-43），推测为黄酮六碳糖氧苷。¹H-NMR (500MHz, DMSO): δ 7.40 (d, J=7.3Hz, 2H), 6.83 (d, J=7.2Hz, 2H), 6.73 (s, 1H), 6.47 (s, 1H), 5.44 (s, 1H), 5.17 (s, 1H), 5.07 (d, J=6.4Hz, 1H), 4.64 (s, 1H); Glc: 3.75 (d, J=49.0Hz, 1H), 3.06~3.55 (m, 6H)。¹³C-NMR (125MHz, DMSO): δ 181.0, 163.5, 162.1, 158.1, 157.5, 154.9, 130.7, 122.9, 121.4, 115.6, 106.4, 100.3, 99.9, 95.0, 77.6, 76.7, 73.4, 70.0, 61.1。上述波谱数据与文献报道的genistin基本一致，因此确定该化合物为染料木苷（genistin）（Zhang et al.，2005）。

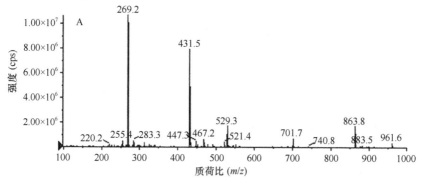

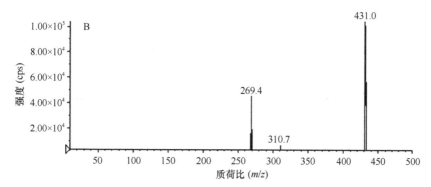

图3-43　染料木苷（18）的ESI⁻一级（A）和二级（B）质谱图

19. 木糖的结构鉴定

化合物19：无色棱晶，ESI-MS [m/z 193.4 (M-H)⁻]。经NMR分析（图3-44），¹H-NMR (500MHz, DMSO-d_6): δ 4.72 (brs, 1H), 4.63 (brs, 1H), 4.52 (d, J=4.7Hz, 1H), 4.47

(d, J=6.4Hz, 1H), 4.35 (d, J=5.7Hz, 1H), 3.62 (brs, 3H), 3.50 (dd, J=11.7, 4.4Hz, 1H), 3.43 (s, 3H), 3.37~3.29 (m, 1H), 3.00 (t, J=9.3Hz, 1H)。 ^{13}C-NMR (125MHz, DMSO-d_6): δ 84.3, 73.1, 73.0, 72.4, 71.4, 70.5, 60.1。确定该化合物为木糖（xylose）。

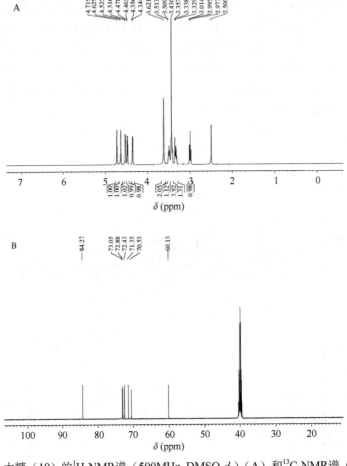

图3-44　木糖（19）的^{1}H-NMR谱（500MHz, DMSO-d_6）（A）和^{13}C-NMR谱（125MHz, DMSO-d_6）（B）

20. 木犀草素-6-C-α-L-吡喃阿拉伯糖基-8-C-β-D-吡喃葡萄糖苷的结构鉴定

化合物20：淡黄色无定形粉末，1% AlCl₃反应呈黄色，紫外254nm和365nm吸收明显。盐酸-镁粉反应呈阳性，推测该化合物黄酮糖苷类。高分辨质谱HR-ESI-MS（m/z 580.1723, [M-H]⁻），确定分子式为$C_{26}H_{28}O_{15}$（calc. for 580.1428, error: 1.73 ppm）。质谱分析（图3-45）给出分子或离子信号ESI-MS m/z 579.4 (M-H)⁻, 615.1 (M+Cl)⁺，在m/z 579.4的二级负离子质谱分析中存在产物离子峰561 [M-H-60]⁻, 489 [M-H-90]⁻, 459 [M-H-120]⁻, 399 [489-90]⁻, 369 [459-90]⁻。规律性地得到产物60、90、120质量单位的碎片离子，表明该化合物的苷元以碳苷键的形式与两个糖连接，并且糖基为一个五碳糖和一个为六碳糖。

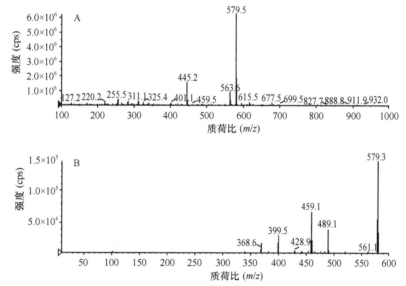

图3-45　木犀草素-6-C-α-L-吡喃阿拉伯糖基-8-C-β-D-吡喃葡萄糖苷（20）的ESI⁻一级（A）和二级（B）质谱图

结合1D-NMR分析（图3-46），¹H-NMR (500MHz, CD₃OD)给出芳香区质子信号δ 7.40 (br s, 1H), 6.88 (d, J=8.5Hz, 1H)，以及黄酮母核3位H的特征信号6.55 (s, 1H)，推断该化合物母核为木犀草素。化学位移δ 60~83ppm的糖基碳数据与文献报道的化合物luteolin-6-C-α-L-arabinopyranosyl-8-C-β-D-glucopyranoside基本一致（Kozerski et al., 2003）。¹H-NMR (500MHz, CD₃OD): δ 7.40 (s, 1H), 6.88 (d, J=8.4Hz, 1H), 6.55 (s, 1H); Glc: 4.69 (s, 1H), 3.31~4.09 (12H)。¹³C-NMR (125MHz, CDCl₃): δ 184.3, 166.5, 163.4.3, 151.0, 146.9, 123.6, 120.6, 116.9, 114.5, 109.8, 105.0, 103.8; Glc: 82.7, 80.3, 77.5, 75.4, 75.1, 73.1, 72.3, 72.2, 71.2, 70.9, 63.1。因此确定该化合物为木犀草素-6-C-α-L-吡喃阿拉伯糖基-8-C-β-D-吡喃葡萄糖苷（luteolin-6-C-α-L-arabinopyranosyl-8-C-β-D-glucopyranoside）。

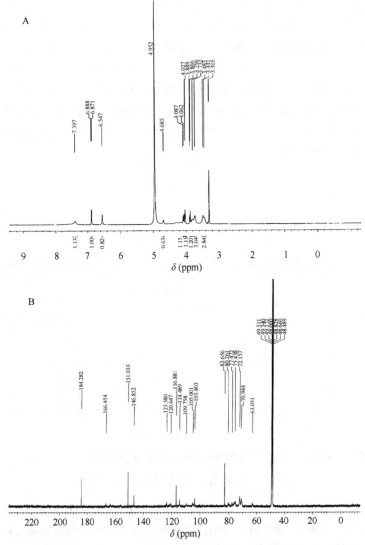

图3-46　木犀草素-6-C-α-L-吡喃阿拉伯糖基-8-C-β-D-吡喃葡萄糖苷（20）的¹H-NMR谱
（500MHz, CD₃OD）（A）和¹³C-NMR谱（125MHz, CDCl₃）（B）

21. 木犀草素-6-C-β-D-吡喃葡萄糖基-8-C-α-L-阿拉伯吡喃糖苷的结构鉴定

化合物21：淡黄色无定形粉末，1% AlCl₃反应呈黄色，紫外254nm和365nm吸收明显。盐酸-镁粉反应呈阳性，推测该化合物黄酮糖苷类。高分辨质谱HR-ESI-MS（*m/z* 580.1723, [M-H]⁻）确定分子式为C₂₆H₂₈O₁₅（calc. for 580.1428, error: 1.73 ppm）。质谱分析（图3-47）给出分子离子信号ESI-MS [*m/z* 579.4 (M-H)⁻, 615.1 (M+Cl)⁺]，在*m/z* 579.4的二级负离子质谱分析中存在产物离子峰519 [M-H-60]⁻, 489 [M-H-90]⁻, 459 [M-H-120]⁻, 399 [489-90]⁻, 369 [459-90]⁻。结合1D-NMR分析（图3-48），¹H-NMR (500MHz, CD₃OD)给出芳香区质子信号δ 7.55 (m, 1H), 7.40 (s, 1H), 6.91 (d, *J*=8.5Hz, 1H)，以及黄酮母核3位H的特征信号6.57 (s, 1H)，推断该化合物与后续鉴定的化合物22结构相似，母核为木犀草素。化学位移δ 60~83ppm的糖基碳数据与文献报道的化合物luteolin-6-C-β-D-glucopyranosyl-8-C-α-L-arabinopyranoside基本一致（蒋雷等，2009）。¹H-NMR (500MHz, CD₃OD): δ 7.55 (m, 1H), 7.40 (s, 1H), 6.91 (d, *J*=8.5Hz, 1H), 6.57 (s, 1H); Glc: 4.67 (s, 2H), 3.45~4.14 (11H)。¹³C-NMR (125MHz, CDCl₃): δ 184.3, 166.8, 157.4, 151.1, 147.1, 123.8, 121.0, 116.7, 114.9, 108.3, 105.7, 103.8; Glc: 83.0, 80.3, 76.5, 75.2, 75.1, 73.1, 72.3, 72.0, 71.2, 70.4, 63.2。因此确定化合物为木犀草素-6-C-β-D-吡喃葡萄糖基-8-C-α-L-阿拉伯吡喃糖苷（luteolin-6-C-β-D-glucopyranosyl-8-C-α-L-arabinopyranoside）。

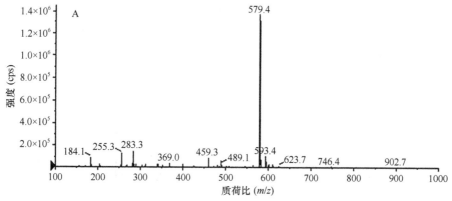

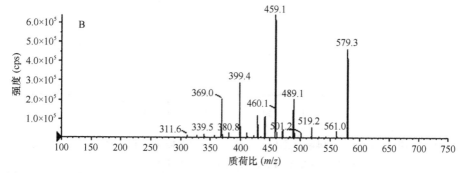

图3-47　木犀草素-6-C-β-D-吡喃葡萄糖基-8-C-α-L-阿拉伯吡喃糖苷（21）的ESI⁻一级（A）和二级（B）质谱图

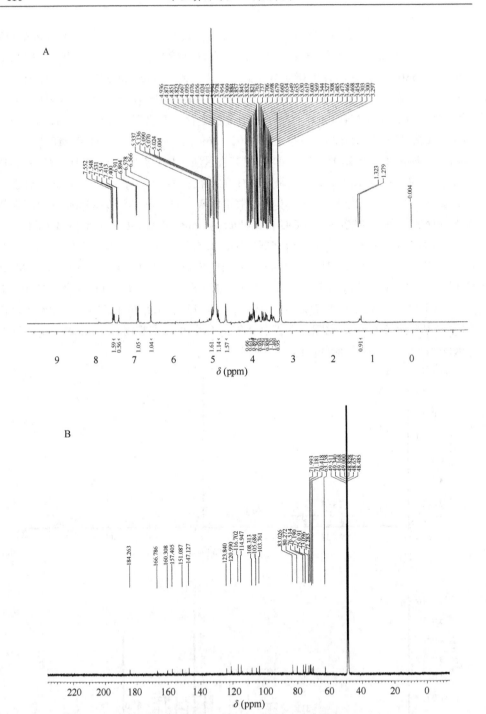

图3-48 木犀草素-6-C-β-D-吡喃葡萄糖基-8-C-α-L-阿拉伯吡喃糖苷（21）的¹H-NMR谱（A，500MHz，CD₃OD）和¹³C-NMR谱（B，125MHz，CDCl₃）

22. 木犀草素-7-*O*-β-D-吡喃葡萄糖苷的结构鉴定

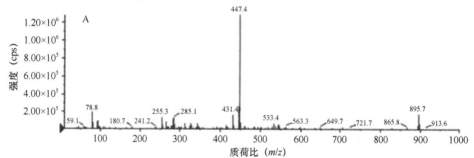

化合物22：淡黄色无定形粉末，1% AlCl₃反应呈黄色，紫外254nm和365nm吸收明显。盐酸-镁粉反应呈阳性，推测该化合物黄酮糖苷类。质谱分析（图3-49）给出分子离子信号ESI-MS *m/z* 447 [M-H]⁻，449 [M+H]⁺，在*m/z* 447的二级负离子质谱分析中存在产物离子峰285 [M-H-162]⁻，推测为黄酮六碳糖氧苷。经与对照品木犀草素-7-*O*-β-D-吡喃葡萄糖苷共HPLC分析，确定化合物22为木犀草素-7-*O*-β-D-吡喃葡萄糖苷（luteolin-7-*O*-β-D-glucopyranoside）。

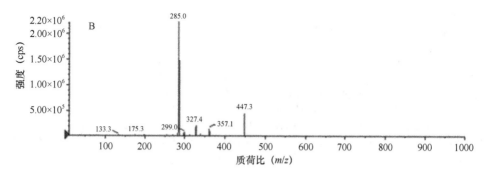

图3-49　木犀草素-7-*O*-β-D-吡喃葡萄糖苷（22）的ESI⁻一级（A）和二级（B）质谱图

3.5　本章小结

（1）采用MTT方法作为活性追踪手段。首先从多个肿瘤细胞株中筛选出对木豆叶乙醇提取物敏感的细胞株，然后利用敏感细胞株进行MTT测试，确定木豆叶抗肿瘤的有效部位为非/弱极性部位。

（2）本章利用传统柱层析与Sephadex LH-20、反相ODS-C18、半制备HPLC等现代技术手段对木豆叶和嫩枝中的抗肿瘤活性成分进行了分离纯化，从木豆叶的活性提取部位中得到25个单体化合物，并根据理化性质和光谱数据（UV、IR、MS、^{1}H-NMR、^{13}C-NMR、1D-NMR和2D-NMR等）对其中的22种化合物的结构进行了鉴定。分别为：棕榈酸乙酯（1）、木豆内酯（2*）、木豆素C（3）、球松素（4）、球松素查耳酮（5）、木豆芪酸（6）、12-羟基木豆芪酸（7*）、芹菜素（8）、木犀草素（9）、柚皮素（10）、芹菜素-8-C-α-L-阿拉伯糖苷（11）、牡荆苷（12）、异牡荆苷（13）、荭草苷（14）、芹菜素-6,8-二-C-α-L-吡喃阿拉伯糖苷（15）、芹菜素-6-C-β-D-吡喃葡萄糖基-8-C-α-L-阿拉伯糖苷（16）、芹菜素-6-C-α-L-吡喃阿拉伯糖基-8-C-β-D-葡萄糖苷（17）、染料木苷（18）、木糖（19）、木犀草素-6-C-α-L-吡喃阿拉伯糖基-8-C-β-D-吡喃葡萄糖苷（20）、木犀草素-6-C-β-D-吡喃葡萄糖基-8-C-α-L-阿拉伯吡喃糖苷（21）、木犀草素-7-O-β-D-吡喃葡萄糖苷（22）。其中，化合物2*和7*为未见文献报道的新化合物，分别命名为木豆内酯和12-羟基木豆芪酸。化合物11、14~17和化合物19~22等9种化合物均为首次从该植物中分离得到。化合物结构类型主要包括芪类、黄酮及其糖苷类。

参 考 文 献

程冰洁, 周迎春, 黄海军, 等. 2008. FL-1大孔树脂分离纯化番石榴叶总黄酮工艺研究. 中国中医药信息杂志, 15(6): 56-57.

蒋雷, 姚庆强, 解砚英. 2009. 苣荬菜化学成分的研究. 食品与药品, 11(3): 27-29.

潘海敏, 唐丽华, 游本刚, 等. 2009. 大孔吸附树脂纯化珍珠菜总皂苷的研究. 苏州大学学报: 医学版, (1): 91-93.

潘细贵, 汪洋, 雷湘, 等. 2005. 大孔吸附树脂纯化黄芪总皂苷的提取工艺研究. 中国医院药学杂志, 25(11): 1029-1031.

乔善义, 郭继芬, 赵毅民, 等. 2003. MS/MS技术快速发现和分析繁缕中的黄酮碳苷成分. 中国天然药物, 1(2):120-123.

任玉琳, 杨峻山. 2001. 西藏雪莲花化学成分的研究II. 中国药学杂志, 36(9): 590-593.

陶锋, 李向荣, 占洁. 2009. 大孔吸附树脂分离纯化金钱草总黄酮工艺研究. 医药导报, 28(5): 636-638.

杨云. 2003. 天然药物化学成分提取分离手册. 北京: 中国中医药出版社.

张虹, 柳正泉. 2001. 大孔吸附树脂在药学领域的应用. 中国医药工业杂志, 32(1): 41-44.

Cuong NM, Sung TV, Kamperdick C, et al. 1996. Flavanoids from *Carya tonkinensis*. Pharmazie, 51: 128.

Dou H, Zhou Y, Chen C, et al. 2002. Chemical constituents of the aerial parts of *Schnabelia tetradonta*. J Nat Prod, 65(12): 1777-1781.

Fu B, Liu J, Li H, et al. 2005. The application of macroporous resins in the separation of licorice flavonoids and glycyrrhizic acid. Journal of Chromatography A, 1089(1): 18-24.

Hu YM, Ye WC, Li Q, et al. 2006. C-glycosylflavones from *Stellaria media*. Chin J Nat Med, 4(6): 420-425.

Koh D, Park KH, Jung J, et al. 2001. Complete assignment of the ^{1}H and ^{13}C NMR spectra of resveratrol derivatives. Magn Reson Chem, 39: 768-770.

Kozerski L, Kamieński B, Kawęcki R, et al. 2003. Solution and solid state ^{13}C NMR and X-ray studies of genistein complexes with amines. Potential biological function of the C-7, C-5, and C-4'-OH groups. Organic & Biomolecular

Chemistry, 1(20): 3578-3585.

Li XJ, Fu YJ, Luo M, et al. 2012. Preparative separation of dryofragin and aspidin BB from *Dryopteris fragrans* extracts by macroporous resin column chromatography. Journal of Pharmaceutical and Biomedical Analysis, 61: 199-206.

López-Pérez JL, Olmedo DA, del Olmo E, et al. 2005. Cytotoxic 4-phenylcoumarins from the leaves of *Marila pluricostata*. Journal of Natural Products, 68(3): 369-373.

Mosmann T. 1983. Rapid colorimetric assay for cellular growth and survival: Application to proliferation and cytotoxicity assay. J Immunol Methods, 65: 55-63.

Pan Y, Zhou C, Zhang S, et al. 2004. Constituents from *Ranunculus sieboldii* Miq. J Chin Pharm Sci, 13(2): 92-96.

Peng J, Fan G, Hong Z, et al. 2005. Preparative separation of isovitexin and isoorientin from *Patrinia villosa* Juss by high-speed counter-current chromatography. J Chromatogr A, 1074(1): 111-115.

Shimomura H, Sashida Y, Mimaki Y, et al. 1988. A chalcone derivative from the bark of *Lindera umbellata*. Phytochemistry, 27 (12): 3937-3939.

Sieuwerts AM, Klijn JGM, Peters HA, et al. 1995. The MTT tetrazolium salt assay scrutinized: How to use this assay reliably to measure metabolie activity of cell cultures *in vitro* for the assessment of growth characteristics, IC_{50}-values and cell survival. Clinical Chemistry and Laboratory Medicine, 33(11): 813-824.

Xie C, Veitch NC, Houghton PJ, et al. 2003. Flavone C-glycosides from *Viola yedoensis* Makino. Chem Pharm Bull, 51(10): 1204-1207.

Yin L, Xu Y, Qi Y, et al. 2010. A green and efficient protocol for industrial-scale preparation of dioscin from *Dioscorea nipponica* Makino by two-step macroporous resin column chromatography. Chemical Engineering Journal, 165(1): 281-289.

Zhang ML, Li ZP, Jia XM. 2005. Study on chemical constituents of *Urtica cannabina* L. Nat Prod Res Dev, 17(2): 175-176.

Zhang Y, Li SF, Wu XW, et al. 2007. Macroporous resin adsorption for purification of flavonoids in *Houttuynia cordata* Thunb. Chinese Journal of Chemical Engineering, 15(6): 872-876.

Zhang Y, Jiao J, Liu C, et al. 2008. Isolation and purification of four flavone C-glycosides from antioxidant of bamboo leaves by macroporous resin column chromatography and preparative high-performance liquid chromatography. Food Chemistry, 107(3): 1326-1336.

第4章　木豆叶中主要活性成分含量动态变化规律

4.1　引　　言

现有研究表明，木豆中黄酮类成分含量很高，具有很好的药理活性（林励等，1999）。黄酮类化合物是一类存在于自然界的、具有2-苯基色原酮（flavone）结构的化合物（宗绪晓，2003）。黄酮类化合物在植物体中通常与糖结合成苷类，小部分以游离态（苷元）的形式存在（朱玉强，2008）。它在植物的生长、发育、开花、结果及抗菌防病等方面起着重要的作用（郑德勇和安鑫南，2004）。其中牡荆苷、异牡荆苷和荭草苷是含量较高的黄酮类糖苷（李秋红等，2008）。它们具有降血压、止痉挛、抗感染、抗菌、抗血栓、辐射保护及抗氧化等作用，还可预防心脑血管疾病和癌症（Zong et al.，2001）。

中国木豆资源十分丰富，但大部分作为废弃物处理而没有得到合理的采收和利用（李正红等，2001）；而且关于木豆黄酮类化合物的报道多为生物提取、分离纯化、含量测定和药理活性等（向锦等，2003）。对木豆种子发育生长过程中黄酮类化合物含量变化的研究较少。植物活性成分在全株均有分布，其含量受植物生长时期、植物不同部位及相应外界刺激等诸多因素的影响（钟小荣，2001）。鉴于这几点，本研究对不同生长时期的木豆叶、茎、根不同部位中牡荆苷、异牡荆苷和荭草苷含量进行了比较，研究了其在植物中的分布规律，为合理利用木豆资源，确定其质量优劣和最佳采收期、采收部位提供理论依据。

4.2　木豆不同采收期主要成分含量变化规律

4.2.1　实验材料和仪器

实验材料和仪器见表4-1。

表4-1　材料和仪器

名称	规格或型号	生产厂家
高效液相色谱仪	Agilent 1200 Series	美国Agilent公司
泵	Agilent G1322A	美国Agilent公司
多波长检测器	Agilent G1311A	美国Agilent公司
系统软件	Agilent ChemStation	美国Agilent公司
反相色谱柱	Diamonsil C18V	中国迪马公司

续表

名称	规格或型号	生产厂家
水纯化系统	Milli-Q	美国Millipore公司
高速离心机	22R型	德国Heraeus Sepatech公司
微波反应器	MARS-II	上海新仪微波化学科技有限公司
电子天平	AB104型	瑞士Mettler-Toledo公司
液氮		哈尔滨黎明气体集团
甲醇	色谱纯	百灵威
乙酸	色谱纯	天津市科密欧化学试剂
乙醇	分析纯	哈尔滨化工试剂厂
甲醇	分析纯	沈阳东兴试剂厂
石油醚	分析纯	天津光复精细化工研究所
乙酸乙酯	分析纯	北京化工厂
微孔滤膜	孔径0.45μm	上海市新亚净化器厂
木豆种子	生药	云南昆明
木豆植株	生药	本实验室温室栽培

4.2.2　实验方法

1. 样品处理

将木豆种子用水浸泡24h后，种入东北林业大学森林植物生态学教育部重点实验室温室中，过5天开始取样，之后每隔5天取样一次。35天以前为木豆种子的萌发期，在种子萌发期取木豆幼苗整株用于实验；35天以后为木豆幼苗的生长期，此时木豆已长出真叶，叶、茎、根分化比较明显，所以35天以后对木豆叶、茎、根中牡荆苷、异牡荆苷和荭草苷的含量分别进行测定。

木豆采收后，以清水洗净，滤纸吸干表面水分，称取2份，每份3.0g，一份用于含水率的测定；另一份用液氮研磨粉碎，放入三颈瓶中，加入60%乙醇溶液90mL，微波辅助提取3次，每次11min，提取温度为75℃，微波功率为700W。合并提取液，定容到300mL，取1mL于离心管中，用0.45μm微孔滤膜过滤，采用HPLC检测，每样平行测定3次。

2. 平行样

为确保测试代表性与准确性，每个实验选取3个取样点，采集后的样品经均匀混合后，再准确称取3个平行样，结果取平行样的平均值。

3. 含量计算公式

$$牡荆苷、异牡荆苷、荭草苷含量（mg/g）= C×V/(1000×M)$$

式中，C 为样品溶液中被测物质的浓度（μg/mL）；V 为样品溶液体积（mL）；M 为木豆粉末干重（g）。

4.2.3　结果与讨论

1. 木豆种子萌发期间异牡荆苷和红草苷的含量变化

从图4-1可以看出，木豆种子发芽后前5天没有检测到牡荆苷、异牡荆苷和荭草苷，从第5天开始，异牡荆苷和荭草苷含量开始增长，总的来说呈上升趋势，均在第35天达到最高值，分别为1.754mg/g和6.619mg/g。在木豆种子萌发期间一直未检测到牡荆苷。

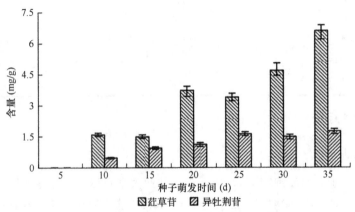

图4-1　木豆种子萌发期间异牡荆苷和荭草苷的含量变化

在种子冬眠时，种子主要是依靠脱水和种皮的不透过性来防止微生物的侵害，所以种子中初生代谢产物如淀粉和脂质性物质的含量较高，而次生代谢产物含量相当低。因此，在种子萌发初期，牡荆苷、异牡荆苷和荭草苷含量非常低，导致检测不到；随着种子的萌发，生命活动旺盛起来，诱发了次生代谢产物的产生，所以异牡荆苷和荭草苷的含量随着种子萌发而增加。

2. 木豆幼苗生产期间叶中牡荆苷、异牡荆苷和红草苷的含量变化

从图4-2可以看出，牡荆苷在第40天被检测到，说明它在35~40天开始增长，40天之后增长迅速，总的来说含量呈多峰波动性增高趋势，到第80天达到最高值0.994mg/g，80~85天牡荆苷含量迅速下降，之后又升高，到第105天含量又达到另一峰值，为0.872mg/g。

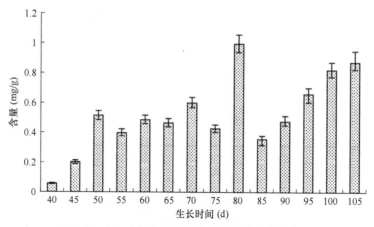

图4-2　木豆幼苗生长期间叶中牡荆苷的含量变化

从图4-3可知，异牡荆苷和荭草苷含量在第40天之后仍不断增长，均到第80天达到最高值，含量分别为6.634mg/g和30.889mg/g。第80~95天异牡荆苷和荭草苷含量均有不同程度的降低，这可能与牡荆苷在此期间含量增长有关，95天之后异牡荆苷和荭草苷又有所增长，最后达到稳定。

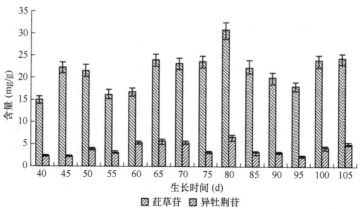

图4-3　木豆生长期间叶中异牡荆苷和荭草苷的含量变化

总的来说，牡荆苷、异牡荆苷和荭草苷的含量呈多峰波动性变化，均在80天达到峰值。牡荆苷等含量变化和植物体自身的代谢平衡及外界环境干扰有关。叶片是植物体响应外界干扰、产生次生代谢产物的重要器官。

3. 木豆幼苗生长期间茎中异牡荆苷和红草苷的含量变化

从图4-4可以看出，从第40天到第55天异牡荆苷含量呈上升趋势，第55天达到峰值，含量为1.397mg/g；从第55天到75天异牡荆苷含量下降较明显，之后呈缓慢下降趋势。荭草苷从第40天到第50天含量增加较快，第50天含量最高，达3.144mg/g，之后含量呈波动性下降趋势，到第90天荭草苷含量基本趋于平稳，波动不大。在木豆幼苗生长期间茎中未检测到牡荆苷。

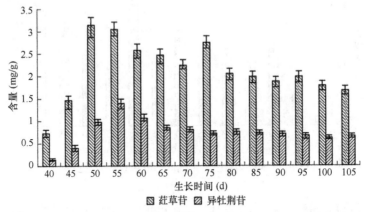

图4-4　木豆生长期间茎中异牡荆苷和荭草苷的含量变化

　　木豆生长期间根中均未检测到牡荆苷、异牡荆苷和荭草苷。因此，根不适于用作获得牡荆苷、异牡荆苷和荭草苷的资源部位。

　　在幼苗生长期间，因植株较小，其主要依靠化学物质抵御病原体的侵袭，因此次生代谢产物在幼苗生长早期被大量合成，且主要合成部位为叶片，所以牡荆苷、异牡荆苷和荭草苷在木豆幼苗生长早期含量迅速增加。之后，叶片中的次生代谢产物随水分运输而分布到近距离的茎中，因此叶中牡荆苷、异牡荆苷和荭草苷含量有所下降，而茎中牡荆苷、异牡荆苷和荭草苷的含量与叶相比，整体较低。

　　从上面的结果和分析可以判断，牡荆苷、异牡荆苷和荭草苷主要产生和储存部位是木豆叶，而且均在种植后80天含量达到最大，所以在种植后80天前后对木豆叶进行采收可获得较高的利用度。木豆种子种植1~35天只能检测到异牡荆苷和荭草苷，而到第40天木豆叶中牡荆苷刚被检测到，茎中只能检测到异牡荆苷和荭草苷，说明异牡荆苷在木豆地上部分产生较牡荆苷早，而且含量比牡荆苷高。

4.2.4　本节小结

　　本节对牡荆苷、异牡荆苷和荭草苷在木豆种子萌发期和幼苗生长期的含量变化进行了考察。结果表明，在木豆种子萌发和幼苗生长期间，荭草苷含量均较高，异牡荆苷含量高于牡荆苷；牡荆苷、异牡荆苷和荭草苷均在木豆种子种植后第80天叶中含量达到最大，分别为0.994mg/g、6.634mg/g和30.889mg/g，茎中牡荆苷、异牡荆苷和荭草苷含量要低于叶中含量，根中未检测到牡荆苷、异牡荆苷和荭草苷。因此确定最佳采收期为木豆种植第80天前后，最佳采收部位为木豆叶，可更加高效地利用木豆资源。

4.3　木豆不同部位总黄酮含量的测定

4.3.1　实验材料和仪器

实验材料和仪器见表4-2。

表4-2　材料和仪器

名称	规格或型号	生产厂家
紫外分光光度仪	UV-2100	中国上海UNICO
水纯化系统	Milli-Q	美国Millipore公司
数控超声机	KQ-250DB型	昆山市超声仪器有限公司
旋转蒸发仪	RE-S2AA	上海青浦沪西仪器厂
循环水式多用真空泵	SHB-IIIA	郑州长城科贸有限公司
电子调温电热套	98-1-B型	天津市泰斯特仪器有限公司
电子恒温水浴锅	DK-2000-IIIL	天津市泰斯特仪器有限公司
打浆机	HR1724型	飞利浦中国有限公司
石英比色皿	通用	宜兴市晶科光学仪器有限公司
牡荆苷	纯度>98%	从木豆叶中分离纯化制得
异牡荆苷	纯度>98%	从木豆叶中分离纯化制得
荭草苷	纯度>98%	从木豆叶中分离纯化制得
乙醇	分析纯	哈尔滨化工试剂厂
氯仿	分析纯	天津市化学试剂一厂
DPPH		德国Sigma-Aldrich公司
β-胡萝卜素		德国Sigma-Aldrich公司
抗坏血酸（维生素C）		德国Sigma-Aldrich公司
二丁基羟基甲苯（BHT）		德国Sigma-Aldrich公司
亚油酸		德国Alfar Aesar公司
吐温80		北京会友精细化工厂
木豆	生药	本实验室温室栽培

4.3.2　实验方法

1. 芦丁标准品溶液的配制

精密称取5.0mg芦丁标准品，置于10mL容量瓶中，用60%乙醇定容，配制成浓度为0.5mg/mL的芦丁标准贮备液。

精密吸取芦丁标准贮备液2.0mL、1.6mL、1.2mL、0.8mL、0.4mL、0.2mL，分别

置于10mL容量瓶中，先加入5% $NaNO_2$ 0.3mL摇匀，放置6min，再加入10% $Al(NO_3)_3$ 0.3mL摇匀，放置6min，最后加入4% NaOH 4mL，放置15min，用60%乙醇定容至10mL，用紫外分光光度计在510nm下测定吸光度，每样重复3次。

2. 样品溶液的制备

将生长80天的新鲜木豆植株洗净，用滤纸吸干表面水分，将叶、茎和根分离。分别称取叶、茎和根20g，置于负压空化提取器中，加入60%乙醇溶液200mL，控制氮气流速在30mL/min，提取3次，每次20min。合并提取液，浓缩至干。

分别称取木豆叶、茎和根的粗提物100.0mg，置于10mL容量瓶中，用60%乙醇溶液溶解并定容，配制成浓度为10.0mg/mL的叶、茎、根提取物样品贮备液，备用。

3. 木豆不同部位总黄酮含量的测定

分别吸取木豆叶、茎、根提取物样品贮备液1mL，置于10mL容量瓶中，加入5% $NaNO_2$ 0.3mL，摇匀，放置6min，再加入10% $Al(NO_3)_3$ 0.3mL摇匀，放置6min，最后加入4% NaOH 4mL，放置15min，用60%乙醇溶液定容至10mL，用紫外分光光度计在510nm下测定吸光度，平行样为3个。

4. 木豆不同部位DPPH自由基的清除率测定

将DPPH溶于无水乙醇配成0.004%溶液。将0.1mL不同浓度的木豆叶、茎、根提取物样品溶液和0.1mL不同浓度的牡荆苷、异牡荆苷、荭草苷标准品溶液及0.1mL不同浓度的抗坏血酸对照品溶液分别加入1mL DPPH溶液中，迅速混匀，然后再加入1.4mL无水乙醇，置于紫外分光光度计中，待70min后，在517nm处测定溶液的吸光度，平行样为3个。以抗坏血酸为对照，用以下公式计算样品清除自由基的能力：

$$抗氧化能力（Ip） = [(AB-AA)/AB]×100\%$$

式中，AB及AA为70min后空白及待测样的吸光度。

5. 木豆不同部位β-胡萝卜素漂白法抗氧化率的测定

将β-胡萝卜素（0.3mg）用氯仿（30mL）溶解于梨形瓶中，加入亚油酸（60mg）和吐温80（600mg），然后于50℃旋转真空干燥。加入150mL无氧蒸馏水，于超声波中形成乳化液A。取0.2mL不同浓度的木豆叶、茎、根提取物样品溶液和0.2mL不同浓度的牡荆苷、异牡荆苷、荭草苷标准品溶液及0.2mL不同浓度的BHT对照品溶液分别与5mL乳化液A于试管中混合，以不加提取物样品的等量乙醇代替与浮化液A混合作为空白样。在50℃保温，于波长470nm处测定吸光度，平行样为3个。以BHT为对照，抗氧化率用下式进行计算（Kulisic et al.，2004）。

$$AA=100×(DRc-DRs)/DRc$$

式中，AA为抗氧化率；$DRc = [\ln(a/b)/60]$；$DRs = [\ln(a/b)/60]$；DRc为空白样吸光度

的降低率；DRs为样品吸光度的降低率；a为$t = 0$min时的吸光度；b为$t = 60$min时吸光度。

4.3.3　结果与讨论

1. 标准曲线的绘制

将4.3.2节"1."中配制的不同浓度的芦丁标准品溶液，用紫外分光光度计在510nm波长下进行测定，以芦丁标准品浓度为横坐标、相应的吸光度为纵坐标作标准曲线（图4-5）进行线性回归，得标准曲线方程：$y=13.35x+0.0449$，$R^2=0.9999$。由R^2可知，芦丁浓度在0.01~0.1mg/mL内线性关系很好。

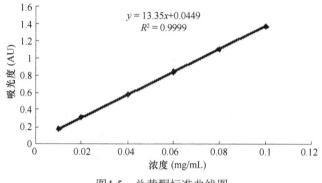

$$y = 13.35x+0.0449$$
$$R^2 = 0.9999$$

图4-5　总黄酮标准曲线图

2. 木豆不同部位总黄酮含量比较

将4.3.2节"2."中制备的样品液用紫外分光光度计在510nm下进行测定，得到的吸光度代入上述标准曲线方程，计算木豆叶、茎、根总黄酮含量分别为27.23mg/g、13.27mg/g、12.38mg/g，RSD分别为1.73%、1.34%和1.98%。

由结果可知总黄酮含量最高的部位是木豆的叶，其次是茎，最低的是根；由于木豆茎和根中木质部较多，影响了木豆茎和根的总黄酮含量。在利用方面，木豆地上部分（叶和茎）由于较地下部分（根）资源丰富，容易获得，且黄酮含量明显高于地下部分，所以可将木豆叶和茎在一起利用。

3. DPPH自由基清除活性比较

按照4.3.2节"4."中所述的方法对从木豆中分离纯化得到的牡荆苷、异牡荆苷和荭草苷进行DPPH自由基清除活性研究，结果如图4-6所示。

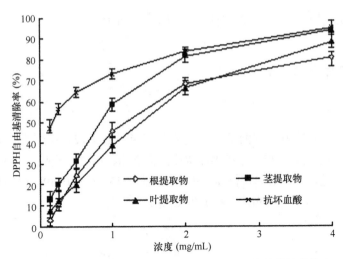

图4-6　牡荆苷、异牡荆苷和荭草苷对DPPH自由基的清除能力

　　从图4-6可以看出，牡荆苷、异牡荆苷和荭草苷对DPPH自由基的清除能力随其浓度增加有上升趋势，荭草苷上升趋势很明显，牡荆苷和异牡荆苷上升缓慢。结果表明，荭草苷对DPPH自由基的清除能力明显高于牡荆苷和异牡荆苷，当浓度为500μg/mL时，荭草苷对DPPH自由基的清除率为74.44%±3.744%，而牡荆苷和异牡荆苷对DPPH自由基的清除率均小于50%。以抗坏血酸为参照，荭草苷表现出中等抗氧化活性，而牡荆苷和异牡荆苷的抗氧化活性较弱。

　　在本研究条件下，荭草苷的IC_{50}约为0.329mg/mL，牡荆苷和异牡荆苷的IC_{50}均大于0.5mg/mL（表4-3），可见荭草苷具有较好的抗氧化活性。

4. β-胡萝卜素漂白抑制活性比较

　　按照4.3.2节"5."中所述的方法对从木豆中分离纯化得到的牡荆苷、异牡荆苷和荭草苷进行β-胡萝卜素漂白实验，结果如图4-7所示。从图可以看出，牡荆苷、异牡荆苷和荭草苷对β-胡萝卜素漂白的抑制率与对DPPH自由基的清除率表现出相同的趋势，且荭草苷的抑制率较高。以BHT为参照，荭草苷呈现出中等抗氧化活性，抗氧化活性明显优于牡荆苷和异牡荆苷。在此条件下，荭草苷的IC_{50}约为0.407mg/mL，牡荆苷和异牡荆苷的IC_{50}均大于0.5mg/mL（表4-3）。

　　黄酮类化合物的抗氧化活性与其分子结构有关，Arora等（1998）和Van Acker等（1996）研究表明，在黄酮骨架上的羟基取代会增强黄酮类物质的抗氧化活性，而甲氧基取代会抑制黄酮类物质的抗氧化活性。在分子结构上，荭草苷比牡荆苷和异牡荆苷在B环的3′位上多1个羟基取代，增强了荭草苷的抗氧化活性。因此，荭草苷的抗氧化活性明显优于牡荆苷和异牡荆苷。

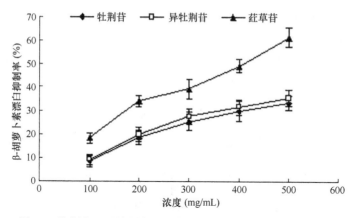

图4-7　牡荆苷、异牡荆苷和荭草苷抗β-胡萝卜素漂白抑制活性

表4-3　木豆提取物及单体化合物的IC$_{50}$值

样品	DPPH自由基清除实验IC$_{50}$（mg/mL）	β-胡萝卜素漂白实验IC$_{50}$（mg/mL）
木豆根提取物	1.184*	0.206+
木豆茎提取物	0.844*	0.311+
木豆叶提取物	1.407*	0.378+
牡荆苷	>0.5*	>0.5+
异牡荆苷	>0.5*	>0.5+
荭草苷	0.329*	0.407+
抗坏血酸	0.201	—
BHT	—	0.196

*和+表示样品与阳性对照（抗坏血酸和BHT）之间差异显著（$P<0.01$）

4.3.4　本节小结

本节测定了木豆叶、茎、根的总黄酮含量，其总黄酮含量分别为27.23mg/g、13.27mg/g和12.38mg/g，RSD分别为1.73%、1.34%和1.98%。

从DPPH自由基的清除能力和抗β-胡萝卜素漂白能力两方面，以抗坏血酸和BHT为参照，比较了木豆叶、茎、根提取物的抗氧化活性及牡荆苷、异牡荆苷和荭草苷的抗氧化活性，得出如下结论：

（1）木豆茎提取物对DPPH自由基的清除能力较好，其IC$_{50}$为0.844mg/mL。而木豆叶和根的提取物对DPPH自由基的清除能力依浓度不同有很大差别，在低浓度时，对DPPH自由基的清除能力较差，在较高浓度（>2mg/mL）时，DPPH自由基清除率较高；其IC$_{50}$分别为1.407mg/mL和1.184mg/mL。

（2）木豆叶、茎和根提取物对β-胡萝卜素漂白抑制能力都较好，最好的是木豆根，其IC$_{50}$为0.206mg/mL，接近于BHT的IC$_{50}$值（0.196mg/mL），其次是木豆叶和茎，其IC$_{50}$分别为0.378mg/mL和0.311mg/mL。

（3）荭草苷呈现出中等抗氧化活性，其抗氧化活性明显优于牡荆苷和异牡荆苷，可能与其B环3′位上多1个羟基取代有关。

参 考 文 献

李秋红, 李廷利, 黄莉莉, 等. 2008. 中药抗氧化剂的作用机理及评价方法研究进展. 时珍国医国药, 19(5): 7521-7522.

李正红, 周朝鸿, 谷勇, 等. 2001. 中国木豆研究利用现状及开发前景. 林业科学研究, 14(6): 674-681.

林励, 谢宁, 程紫骅. 1999. 木豆黄酮类成分的研究. 中国药科大学学报. 30(1): 21-23.

向锦, 庞雯, 王建红. 2003. 木豆在中国的应用前景. 四川草原, (4): 38-40.

郑德勇, 安鑫南. 2004. 植物抗氧化剂的研究概况与发展趋势. 林产化学与工业, 24(3): 113-118.

钟小荣. 2001. 木豆的利用价值. 中药研究与信息, 3(8): 47

朱玉强. 2008. 天然抗氧化剂研究进展. 甘肃石油和化工, (2): 8-16.

宗绪晓. 2003. 木豆. 大连: 大连出版社: 2-4.

Arora A, Nair MC, Strasburg GM. 1998. Structure-activity relationships for antioxidant activities of a series of flavonoids in a liposomal system. Free Radical Biology & Medicine, 24(9): 1355-1363.

Kulisic T, Radonic A, Katalinic V, et al. 2004. Use of different methods for testing antioxidative activity of oregano essential oil. Food Chemistry, 85(4): 633-640.

Van Acker SABE, Van Den Berg DJ, Tromp MNJL, et al. 1996. Structural aspects of antioxidant activity of flavonoids. Free Radical Biology & Medicine, 20(3): 331-342.

Zong XX, Yang SY, Li ZH, et al. 2001. China-ICRISAT collaboration on pigeonpea research and development. International Chickpea and Pigeonpea Newsletter, 8(2): 35-36.

第5章　木豆中化合物含量高效诱导技术研究

5.1　引　　言

木豆叶中黄酮类成分分为游离苷元和结合型糖苷两类，且主要以糖苷形式存在。木豆叶中存在的牡荆苷、异牡荆苷为芹菜素的碳苷，同时也存在与木犀草素相对应的苷类物质。苷键是苷分子特有的化学键，它是在糖的端基碳上形成的缩醛结构，具有一般缩醛的性质，如对酸不稳定、易于裂解而生成糖与苷元。用于苷键的裂解方法有酸诱导水解、碱诱导水解、酶诱导水解、乙酰解及过碘酸裂解反应等。

5.1.1　酸诱导技术

苷键易被稀酸诱导水解，反应一般在水或烯醇中进行，所用的酸有盐酸、硫酸、乙酸、甲酸等。苷发生酸水解反应的机理是苷键原子首先发生质子化，然后苷键断裂生成苷元和糖的阳碳离子中间体，在水中阳离子经溶剂化，再脱去离子而形成糖分子。酸水解的难易是与苷键的碱度即苷键原子上的电子云密度及它的空间环境有密切的关系。只要有利于苷键质子化就有利于水解的进行。酸水解的难易程度氮苷＞氧苷＞硫苷＞碳苷，氮苷最易发生水解反应。而碳原子上无游离电子对，不能质子化。

对于难水解的苷类需要采用较为剧烈的条件（如增加酸的浓度或加热等），此时苷元常发生脱水生成脱水苷元，因而不能获得真正的苷元。对酸不稳定的苷类，可采用两相水解法，即在反应混合物中加入与水不相溶的有机溶剂（苯或氯仿等），水解后生成的苷元立刻进入有机相中，避免与酸长时间接触，从而得到真正的苷元。

5.1.2　酶诱导技术

酶是一类由生物体内细胞制造的具有催化作用的蛋白质，广泛地存在于从低等生物到高等生物的体内。1814年俄国科学院院士Ckirchoff就开始了酶的研究，20世纪50年代中期，酶化学与多学科的相互渗透得到了迅速发展。如今，工业化用酶已广泛涉及医药、食品、饮料、酿酒及污水处理等领域。20世纪90年代中期，酶工程技术陆续应用于天然药物及中药的提取制备中，并取得了显著的效益。

1. 酶诱导在植物有效成分提取中应用的依据

植物中的大部分生物活性成分存在于细胞壁内，少数存在于细胞间隙中。新鲜的药材经干燥后，组织内的水分蒸发，细胞逐渐萎缩，甚至形成裂隙，同时在细胞液泡中溶解的活性成分等物质呈结晶或无定形状态沉积于细胞内，使细胞形成空腔，细胞质膜的半透性丧失。

传统的提取方法如煎煮法、浸渍法、渗流法及回流提取过程首先用溶剂浸泡药材，因药材中的蛋白质、果胶、糖类、纤维素等带有极性基团，因而可被常用的水、乙醇等极性溶剂润湿，润湿后的药材由于流体静压和毛细管的作用，使溶剂通过药材空隙和裂隙渗透进入细胞组织内，使干细胞膨胀，恢复细胞膜的通透性，使得溶剂提取细胞内生物活性成分成为可能。植物完整的细胞内有效成分的提取需要经过浸润、渗透、解吸与溶解、扩散与置换等多个阶段，使溶剂进入药材组织、溶解细胞内物质并使其扩散至溶剂主体后才能完成。但由于细胞壁的屏障作用，决定了药材有效成分的提取效率有一定限度（贾立革等，2004；刘增琪和景涛，2003；冯青然和陈燕军，2003）。

酶诱导是在传统溶剂提取方法的基础上，利用酶反应具有高度专一性等特性，根据植物药材细胞壁的构成，选择相应的酶，将细胞壁的成分水解或降解，破坏细胞壁结构，使有效成分充分暴露出来，溶解、混悬或胶溶于溶剂中，从而达到提高细胞内有效成分含量的一项新技术。由于植物提取过程中的屏障——细胞壁被破坏，因而酶诱导有利于提高有效成分的含量。

此外，中草药成分复杂，其中包括如蛋白质、果胶、淀粉等成分，这些成分一方面影响植物细胞中活性成分的浸出，另一方面也影响中药液体制剂的澄清度。传统的提取方法如煎煮，有机溶剂浸出和醇处理等方法存在着提取温度过高、提取率低、成本高、不安全等缺点，而选用恰当的酶，可通过酶反应较温和地将植物组织分解，加速有效成分的释放提取（余洪波和张晓显，2005；冯育林等，2002；杨莉和刘亚娜，2001）。

2. 纤维素酶简介及其在植物有效成分提取中的应用

纤维素酶是指能降解纤维素的一类酶的总称，是一个由多种水解酶组成的复杂酶体系，主要来自真菌和细菌。根据各酶功能的不同主要分为三类：①葡萄糖内切酶（1,4-β-D-glucan glucanohydrolase或endo-1,4-β-D-glucanase，E.C3.2.1.4，来自真菌简称为EG，来自细菌简称Len），这类酶一般作用于纤维素内部的非结晶区，随机水解β-1,4-糖苷键，将长链纤维素分子截短，产生大量的非还原性末端的小分子纤维素酶。②葡聚糖外切酶（1,4-β-D-glucan cellobiohydrolase或exo-1,4-β-D-glucanase，E.C3.2.1.91，来自真菌简称Cbh；来自细菌简称Cex），这类酶作用于纤维素线状分子末端，水解β-1,4-糖苷键，每次切下一个纤维二糖分子，故又称纤维二糖水解酶。③β-葡聚糖苷酶（β-1,4-glucosidase，E.C3.2.1.21，简称BG），这类酶降解纤维二糖水解成葡萄糖分子。

由于植物中提取目标物质绝大多数被包裹于细胞壁之内，而传统的细胞破壁方法又效率不高。因此提取效率一般较低，这不但增加了生产成本，也浪费了宝贵的植物资源。纤维素酶水解法能在传统工艺的基础上，显著提高植物细胞壁破坏率，使提取目的物得到更充分的释放，同时能够随机水解β-1,4-糖苷键，将糖苷水解为相应的苷元，明显提高提取得率。

王康等（1998）利用纤维素酶提取侧柏叶中总黄酮，酶法提取过程比同温水提过程的提取率高，表明酶解反应降低了有效成分从胞内向提取介质扩散的传质阻力，对传质过程有显著的促进作用。纵伟（2000）采用纤维素酶提取工艺提取银杏叶中总黄酮，与传统水浸提工艺相比，提取率提高了25.1%。王晖和刘佳佳（2004）进行了银杏黄酮的酶法提取研究，在常规的醇水浸提之前对原料进行纤维素酶预处理，总黄酮得率显著提高，比直接醇水浸提得率提高55.69%。

3. 果胶酶简介及其在植物有效成分提取中的应用

果胶酶是指能够分解果胶物质的多种酶的总称。许多霉菌及少量的细菌和酵母菌都可产生果胶酶，主要以曲霉和杆菌为主。由于真菌中的黑曲霉（*Aspergillus niger*）属于公认安全使用物质（Generally Recognized as Safe，GRAS），其代谢产物是安全的，因此目前市售的食品级果胶酶主要来源于黑曲霉，最适pH一般在酸性范围。

果胶物质的存在不同程度地影响或阻碍着天然产物的释放。在适宜条件下，植物细胞会发生自溶，也可产生包括果胶酶在内的分解酶类，但这会使待分离产物发生结构改变，甚至产生一些大多数情况下不利于分离的小分子副产物，因此靠植物细胞的自身酶系并不利于天然产物的提取（薛长湖等，2005）。一般应先热失活钝化胞内酶系，再有选择地进行酶处理。天然生物活性物质提取物是目前中药进入国际市场的一种理想方式，出口比例已超过中药，并呈上升趋势。可利用果胶酶生产的提取物有：银杏叶提取物、大蒜油浓缩液、蘑菇浓缩液、人参浆、当归浸膏、甘草液等。另外，在金耳多糖（汪虹等，2002）、香菇多糖（余冬生和纪卫章，2001）、金针菇多糖、山楂叶总黄酮（王晓等，2002）等的提取中也使用了果胶酶。利用酶类提取，不仅可提高提取率，还可提高纯度。

5.1.3　紫外诱导技术

光是调节植物生长发育的重要环境因素之一，植物通过光受体感受光信号，并将信号沿一定途径传导，最终激发适当的生理代谢反应，从而直接、间接影响植物的生长、代谢、繁殖等。光不仅是一切绿色植物生长的必要条件，同时光强、光质、光照时间、光周期对植物的生长发育、形态构成、生理代谢等有显著影响。

黄酮是一类有多种生理和药理活性的植物次生代谢产物，是由来自莽草酸途径的莽草酸通过分支酸、预苯酸经转氨作用形成苯丙氨酸，从而进入苯丙烷类代谢途径。苯丙烷代谢途径是植物合成黄酮类成分重要途径，以丙二酰辅酶A和苯丙氨酸为底物经查耳酮合酶（chalcone synthase，CHS）催化形成查耳酮，再经一系列的酶衍生合成其他类型黄酮，如黄酮醇类、黄烷酮类、异黄酮类、花色素苷类等。由于CHS是植物合成黄酮类化合物所必需的酶，因此被认为是黄酮类代谢产物生物合成过程中的一个关键酶（欧阳光察和薛应龙，1988）。研究表明，光对黄酮类生物合成的调控与CHS基因表达受蓝光、紫外光的调节相关，在蓝光、紫光的辐射下，CHS的积累或活性增加，从而影响植物体内的黄酮的合成与积累（王曼和王小菁，2002）。

植物中黄酮类物质因紫外辐射能诱导而在植物内快速积累，其累积量受植物物种、辐射部位、光强、光质、光照时间等条件的影响。灯盏花在光照条件下可以促进黄酮的合成，当遮光超过50%时总黄酮含量明显下降，不同的光质使其总黄酮的合成和积累也有所差异，其中蓝光对总黄酮的合成和积累促进作用最大（苏文华等，2006）。长期低剂量的紫外光明显能影响整个植物体次生代谢，对贯叶连翘进行14周减少UV-B（280~315nm的紫外光称为UV-B区）、正常及增加UV-B三种处理，发现连翘叶和花的黄酮随着UV-B的增强而增加，但叶中的黄酮含量比花中增加更显著（Germ et al.，2010）。

5.2　实验材料和仪器

实验材料和仪器见表5-1。

表5-1　材料和仪器

名称	规格或型号	生产厂家
高效液相色谱仪	Waters 600	美国Waters公司
泵	Waters Delta 600	美国Waters公司
二极管阵列检测器	Waters 2996型	美国Waters公司
系统软件	Millennium 32	美国Waters公司
HIQ Sil C18V反相色谱柱	5μm，内径250mm×4.6mm	日本KYA公司
水纯化系统	Milli-Q	美国Millipore公司
高速离心机	22R型	德国Heraeus Sepatech公司
数控超声机	KQ-250DB型	昆山市超声仪器有限公司
电子天平	AB104型	瑞士Mettler-Toledo公司
烘干箱	WK89I型	重庆四达实验仪器厂
旋转蒸发仪	RE-52AA	上海青浦沪西仪器厂
三用紫外分析仪	WFH-203	上海精科实业有限公司

续表

名称	规格或型号	生产厂家
纤维素酶		上海维编科贸有限公司
β-葡萄糖苷酶		上海维编科贸有限公司
果胶酶		瑞士Fluka公司
甲醇	色谱纯	百灵威
乙酸	色谱纯	百灵威
乙醇	分析纯	天津市科密欧化学试剂
甲醇	分析纯	哈尔滨化工试剂厂
石油醚	分析纯	沈阳东兴试剂厂
乙酸乙酯	分析纯	天津光复精细化工研究所
硫酸	分析纯	北京化工厂
磷酸	分析纯	天津市科密欧化学试剂
乙酸	分析纯	天津耀华化学试剂厂
微孔滤膜	孔径0.45μm	上海市新亚净化器厂

5.3 实 验 方 法

5.3.1 酸诱导水解实验

1. 酸诱导水解方式的选择

取新鲜木豆叶,用蒸馏水冲洗干净,置于60℃烘箱中烘干,粉碎,备用。

先提取后水解:称取木豆叶粉末20g,加入体积分数80%乙醇溶液200mL,于90℃水浴中加热回流提取4h,回收溶剂至干,加入0.5mol/L硫酸溶液200mL,加热回流水解4h,冷却后用乙酸乙酯萃取3次,先用Na_2CO_3溶液洗至中性,再用蒸馏水洗,回收乙酸乙酯,用甲醇溶出,采用HPLC测定。

先水解后提取:称取木豆叶粉末20g,加入0.5mol/L硫酸溶液200mL,于90℃水浴中加热回流水解4h,冷却后倾出,用Na_2CO_3溶液洗至中性,抽滤,再用蒸馏水洗涤,溶液用乙酸乙酯萃取3次,回收乙酸乙酯,加入体积分数80%乙醇溶液200mL,加热回流提取4h,回收溶剂至干,用甲醇溶出,采用HPLC测定。

双向酸水解法:称取木豆叶粉末20g,加入0.5mol/L硫酸溶液及乙酸乙酯各200mL,于90℃水浴中加热回流8h,反应完成后,倾出溶液,抽滤,静止分层,取乙酸乙酯层,先用Na_2CO_3溶液洗至中性,再用蒸馏水洗,回收乙酸乙酯至干,固体用甲醇溶出,采用HPLC测定。

2. 诱导水解用酸的选择

采用双向酸水解法，称取木豆叶粉末4份，每份20g，分别加入0.5mol/L硫酸、1mol/L盐酸、1mol/L乙酸和0.5mol/L磷酸及乙酸乙酯各200mL，于90℃水浴中加热回流8h，反应完成后，倾出溶液，抽滤，静止分层，取乙酸乙酯层，先用Na_2CO_3溶液洗至中性，再用蒸馏水洗，回收乙酸乙酯至干，固体用甲醇溶出，采用HPLC测定。

3. 酸诱导水解正交实验

酸水解过程受很多因素影响，其中盐酸浓度、水解时间和水解温度为主要因素，在单因素预实验的基础上，实验选择盐酸浓度、水解时间、水解温度3个因素，以木犀草素、芹菜素的总含量为指标，进行了3因素3水平正交实验，确定因素、水平见表5-2。$L_9(3^4)$正交实验结果见表5-3，酸诱导水解实验方差分析见表5-4。

表5-2　酸诱导水解正交实验表

水平	因素		
	A 盐酸浓度（mol/L）	B 水解时间（h）	C 水解温度（℃）
1	0.5	2	60
2	1.0	4	75
3	1.5	6	90

5.3.2　酶诱导实验

1. 酶种类的选择

称取新鲜木豆叶20g，分别加入浓度为0.1mg/mL、0.2mg/mL的纤维素酶、果胶酶和β-葡萄糖苷酶溶液150mL，匀浆2min，匀浆液放入恒温摇床中，25℃下分别培养24h、48h，抽滤，固形物加入体积分数80%乙醇溶液150mL，超声提取3次，每次30min，提取液合并，浓缩，石油醚萃取3次，脱脂，再用乙酸乙酯萃取3次，合并乙酸乙酯层，浓缩至干，甲醇溶出，采用HPLC分析。

2. 酶浓度的选择

称取新鲜木豆叶20g，分别加入浓度为0.05mg/mL、0.1mg/mL、0.15mg/mL、0.2mg/mL、0.3mg/mL、0.4mg/mL、0.5mg/mL的果胶酶溶液150mL，匀浆2min，匀浆液放入恒温摇床中，25℃下分别培养48h，抽滤，固形物加入体积分数80%乙醇溶液150mL，超声提取3次，每次30min，提取液合并，浓缩，石油醚萃取3次，脱脂，再用乙酸乙酯萃取3次，合并乙酸乙酯层，浓缩至干，甲醇溶出，采用HPLC分析。

3. 酶诱导时间的选择

称取新鲜木豆叶20g，分别加入浓度为0.4mg/mL的果胶酶溶液150mL，匀浆2min，匀浆液放入恒温摇床中，25℃下分别培养6h、12h、18h、24h、30h、36h、42h、48h，抽滤，固形物加入体积分数80%乙醇溶液150mL，超声提取3次，每次30min，提取液合并，浓缩，石油醚萃取3次，脱脂，再用乙酸乙酯萃取3次，合并乙酸乙酯层，浓缩至干，甲醇溶出，采用HPLC分析。

4. 最适pH的选择

称取新鲜木豆叶20g，分别加入浓度为0.4mg/mL，pH为3、3.5、4、4.5、5、5.5、6、6.5、7、7.5、8的果胶酶溶液150mL，匀浆2min，匀浆液放入恒温摇床中，25℃下分别培养36h，抽滤，固形物加入体积分数80%乙醇溶液150mL，超声提取3次，每次30min，提取液合并，浓缩，石油醚萃取3次，脱脂，再用乙酸乙酯萃取3次，合并乙酸乙酯层，浓缩至干，甲醇溶出，采用HPLC分析。

5. 酶诱导温度的选择

称取新鲜木豆叶20g，分别加入浓度为0.4mg/mL，pH为3.5的果胶酶溶液150mL，匀浆2min，匀浆液放入恒温摇床中，分别在25℃、30℃、35℃、40℃、45℃、50℃下培养36h，抽滤，固形物加入体积分数80%乙醇溶液150mL，超声提取3次，每次30min，提取液合并，浓缩，石油醚萃取3次，脱脂，再用乙酸乙酯萃取3次，合并乙酸乙酯层，浓缩至干，甲醇溶出，采用HPLC分析。

5.3.3　紫外辐射诱导实验

植物体内有一套防御系统来生成一类抗病蛋白用于抵御外来病菌、虫害和损伤等不良环境，这些抗病蛋白可用于增加细胞壁强度、形成愈伤瘤或作为一种溶菌酶，以及合成植物抗毒素等。木豆叶中的黄酮类化合物是一类植物抗毒素。紫外辐射能够通过刺激植物防卫系统而促进其中一些次生代谢产物的生物转化。

1. 254nm波长下紫外辐射

称取新鲜木豆叶20g，分别加入蒸馏水150mL，匀浆2min，匀浆液放入紫外灯下，254nm波长下分别辐射1h、2h、3h、4h、5h、6h、8h、10h、12h，抽滤，固形物加入体积分数80%乙醇溶液150mL，超声提取3次，每次30min，提取液合并，浓缩，石油醚萃取3次，脱脂，再用乙酸乙酯萃取3次，合并乙酸乙酯层，浓缩至干，甲醇溶出，采用HPLC分析。

2. 365nm波长下紫外辐射

称取新鲜木豆叶20g，分别加入蒸馏水150mL，匀浆2min匀浆液放入紫外灯下，

365nm波长下分别辐射1h、2h、3h、4h、5h、6h、8h、10h、12h，抽滤，固形物加入体积分数80%乙醇溶液150mL，超声提取3次，每次30min，提取液合并，浓缩，石油醚萃取3次，脱脂，再用乙酸乙酯萃取3次，合并乙酸乙酯层，浓缩至干，甲醇溶出，采用HPLC分析。

5.4　结果与讨论

5.4.1　酸诱导水解条件的优化

1. 酸诱导水解方式的选择

选用0.5mol/L硫酸溶液作为水解用酸，对先提取后水解、先水解后提取及双向酸水解3种水解方式对木犀草素、芹菜素含量的影响进行研究，结果见图5-1。

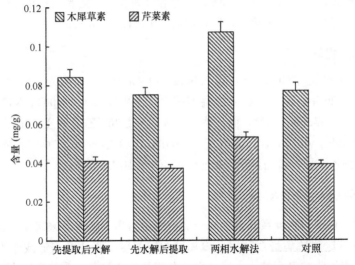

图5-1　不同水解方式对木犀草素、芹菜素含量的影响

从图5-1可以看出，使用先提取后水解及先水解后提取两种方式处理木豆叶，木犀草素和芹菜素的含量并没有明显提高，与对照相当，而使用双向酸水解，木犀草素和芹菜素的含量明显高于对照。这是因为木豆叶中的糖苷主要为碳苷，很难水解，实验中采用的硫酸为强酸，此时苷元常发生脱水生成脱水苷元，因而不能获得真正的苷元。采用两相水解法，由于在反应混合物中加入与水不相溶的有机溶剂（本实验使用乙酸乙酯），水解后生成的苷元立刻进入乙酸乙酯中，避免与酸的长时间接触，从而得到了真正的苷元，因此木犀草素和芹菜素的含量较高。因此，选择双向酸水解法进行以下水解实验。

2. 酸种类的选择

选用0.5mol/L硫酸、0.5mol/L盐酸、0.5mol/L乙酸和0.5mol/L磷酸进行诱导水解实验并对木犀草素和芹菜素进行提取，以木犀草素和芹菜素的含量为指标考察不同酸的诱导效果，见图5-2。由图5-2可知，使用弱酸磷酸和乙酸，木犀草素和芹菜素含量的提高幅度均小于强酸硫酸和盐酸，这是因为木豆叶中的糖苷主要为碳苷，很难水解，需要剧烈的条件才能水解。盐酸的效果又好于硫酸，因此本研究选择盐酸作为水解酸用于以下实验。

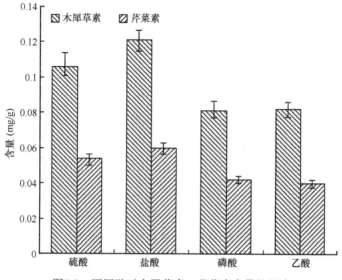

图5-2　不同酸对木犀草素、芹菜素含量的影响

3. 酸诱导水解正交实验结果

由表5-3正交实验和表5-4方差分析结果可知，在酸诱导水解处理木豆叶的过程中，酸水解温度对木犀草素、芹菜素的含量有显著影响，各因素对木犀草素和芹菜素的含量影响的顺序为：C＞B＞A，即水解温度影响最大，其次为水解时间，而影响较小的因素为盐酸的浓度。酸诱导水解的最佳组合为$A_1B_3C_3$，即正交实验中的3号实验，新鲜木豆叶20g，在90℃下，用0.5mol/L盐酸溶液双向水解8h。

表5-3　酸诱导水解正交实验L_9（3^4）结果

实验号	因素				含量 （mg/g）
	1（A）	2（B）	3（C）	4（D）	
1	1	1	1	1	0.116
2	1	2	2	2	0.139

实验号	因素				含量（mg/g）
	1（A）	2（B）	3（C）	4（D）	
3	1	3	3	3	0.178
4	2	1	2	3	0.129
5	2	2	3	1	0.163
6	2	3	1	2	0.127
7	3	1	3	2	0.151
8	3	2	1	3	0.122
9	3	3	2	1	0.145
$K1$	0.433	0.396	0.365	0.424	
$K2$	0.419	0.424	0.413	0.417	
$K3$	0.418	0.450	0.492	0.429	
$x1$	0.144	0.132	0.122	0.141	
$x2$	0.140	0.141	0.138	0.139	
$x3$	0.139	0.150	0.164	0.143	
R	0.005	0.018	0.042	0.004	

表5-4 酸诱导水解实验方差分析

方差来源	偏差平方和	自由度	均方差	F值	显著性
A	0.038	2	0.019	1.118	
B	0.137	2	0.069	4.029	<0.25
C	0.809	2	0.405	23.794	<0.05
误差	0.034	2	0.017		

注：$F_{0.25}(2,2)=3.00$，$F_{0.10}(2,2)=9.00$，$F_{0.05}(2,2)=19.00$，$F_{0.01}(2,2)=99.00$

4. 酸诱导水解最佳工艺验证实验

称取新鲜木豆叶20g，在最佳工艺条件$A_1B_3C_3$下进行验证实验，重复实验3次，结果见表5-5。

表5-5 最佳条件下的验证实验（$n=3$）

工艺条件	实验号	提取率（mg/g）
	1	0.177
$A_1B_3C_3$	2	0.182
	3	0.181

　　由表5-5可知，酸诱导水解后，木犀草素和芹菜素的总平均含量为0.180mg/g，含量较高且具有重复性。并且与正交实验中3号实验结果接近（木犀草素和芹菜素含量0.181mg/g），验证了所选工艺参数的合理性。

5.4.2　酶诱导条件的优化

1. 酶种类的选择

　　选用两个不同浓度的纤维素酶、果胶酶和β-葡萄糖苷酶溶液，作用两个不同时间，考察对木犀草素、芹菜素含量的影响，进行酶种类的选择，结果见图5-3、图5-4。

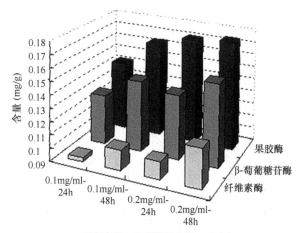

图5-3　不同种类的酶对木犀草素含量的影响

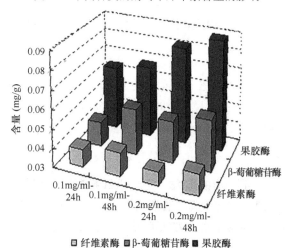

图5-4　不同种类的酶对芹菜素含量的影响

　　从图5-3、图5-4可以看出，使用纤维素酶、果胶酶和β-葡萄糖苷酶，均能使木犀草素和芹菜素的含量提高。在两个不同酶浓度及两个不同处理时间下，使用果胶酶进行诱导，木犀草素和芹菜素的含量均明显高于使用纤维素酶和β-葡萄糖苷酶，果胶酶对木犀草素和芹菜素含量影响显著。因此，选择果胶酶进行以下酶诱导实验。

2. 酶浓度的选择

　　在酶反应中，如果底物浓度足以使酶饱和，则反应速度与酶浓度成正比。从图5-5可以看出，木犀草素和芹菜素的含量均随着酶浓度的增加而增大，在酶浓度小于0.4mg/mL时，含量提高显著，酶浓度在0.4mg/mL和0.5mg/mL时，含量相差不大。因此选择果胶酶浓度为0.4mg/mL，并用于以下实验。

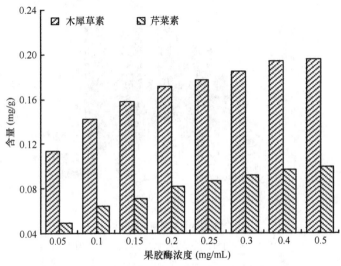

图5-5　不同果胶酶浓度对木犀草素、芹菜素含量的影响

3. 酶诱导时间的选择

　　从图5-6可以看出，木犀草素和芹菜素的含量均随着诱导时间的延长而增大，在诱导时间小于36h时，含量提高显著，时间大于36h时，木犀草素和芹菜素的含量几乎不变。因此选择诱导时间为36h，并用于以下实验。

4. 酶溶液pH的选择

　　大部分酶的活性受环境pH的影响。在一定pH条件下，酶反应具有最大的速度，高或低于此值，反应速度都会下降，通常此值为酶反应的最适pH。酶的最适pH并不是一个常数，目前还只能用于实验方法测得，它可以随底物浓度、温度及其他条件的变化而改变。

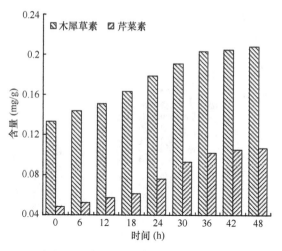

图5-6　果胶酶不同诱导时间对木犀草素、芹菜素含量的影响

　　pH可以对游离酶或酶-底物复合物产生一定的效应，从而导致对酶反应的速度产生显著的影响。在酶浓度、诱导时间一定的条件下，改变果胶酶液pH来考察对木犀草素和芹菜素含量的影响，结果如图5-7、图5-8所示。

　　由图5-7、图5-8可以看出，木犀草素、芹菜素的含量在果胶酶溶液偏酸性条件下较高，当pH大于4，含量有逐渐降低的趋势，木犀草素的含量在pH为4时最大，为0.237mg/g，芹菜素的含量在pH为3.5时最大，为0.117mg/g。因此，综合考虑木犀草素、芹菜素的含量，选择pH为3.5~4作为果胶酶诱导的最适pH。

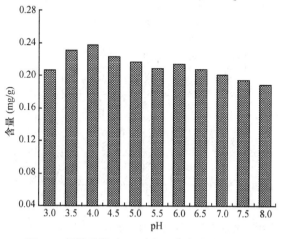

图5-7　果胶酶溶液pH对木犀草素含量的影响

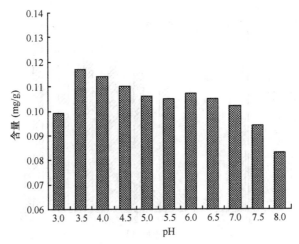

图5-8　果胶酶溶液pH对芹菜素含量的影响

5. 酶诱导温度的选择

与pH的影响一样，温度对酶反应速度也有很大的影响。温度的影响通常包括两个方面：一方面，当温度升高时，与一般化学反应一样，反应速度加快；另一方面，随着温度的升高酶蛋白逐渐变性，反应速度下降。因此，酶反应存在一个最适温度。在果胶酶浓度、pH、酶诱导时间一定的条件下，通过改变酶诱导温度来考察对木犀草素、芹菜素含量的影响，结果如图5-9所示。

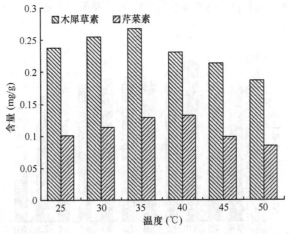

图5-9　果胶酶水解温度对木犀草素、芹菜素含量的影响

由图5-9可知，在温度较低时，木犀草素、芹菜素的含量随温度升高而增大。在30~35℃时，木犀草素、芹菜素的含量最大，当温度高于35℃时含量逐渐降低。实验选择果胶酶的诱导温度为30~35℃。

5.4.3　紫外辐射诱导

1. 紫外辐射对木豆叶中木犀草素、芹菜素含量的影响

　　新鲜木豆叶经匀浆处理后进行紫外辐射诱导，结果见图5-10。从图5-10可以看出，两种波长的紫外光都可以使木犀草素、芹菜素的含量增加，但是不同波长对两种物质含量提高的程度却不相同。254nm的紫外辐射在2h时使木犀草素、芹菜素的含量提高很多，然后随着辐射时间的延长，两种物质的含量下降，与未经辐射相当，在6~8h，含量又显著提高，在6h和8h达到最大值，含量分别为0.116mg/g和0.061mg/g；而经365nm的紫外辐射后，木犀草素、芹菜素的含量虽然也有升高趋势，但整体增加不多，含量最大值分别为0.097mg/g和0.048mg/g。

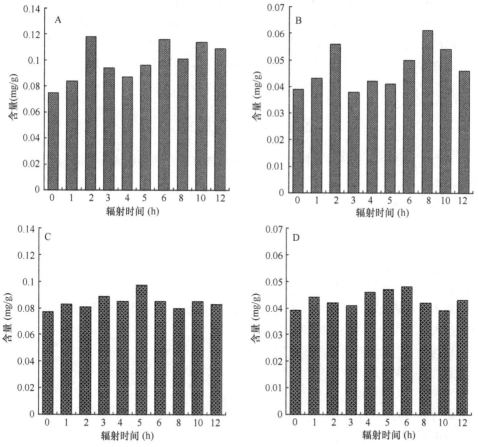

图5-10　不同波长紫外辐射对木犀草素、芹菜素含量的影响

A. 254nm，木犀草素；B. 254nm，芹菜素；C. 365nm，木犀草素；D. 365nm，芹菜素

2. 不同波长的紫外辐射产生不同诱导效果的原因分析

植物的生长发育是在日光的全光谱辐射下进行的，但是不同波长的光对植物的代谢、生长、发育的影响是不同的。植物从太阳辐射中获得光照和热量进行光合作用制造有机物的同时，也不可避免地受到紫外辐射的胁迫。一般认为，紫外辐射的增强可诱导植物产生较多黄酮类等紫外吸收物质，增强抗氧化能力，减少紫外辐射对植物自身的伤害。

紫外辐射的波长为200~400nm，根据其生物效应分为短波紫外辐射（UV-C，200~280nm）、中波紫外辐射（UV-B，280~320nm）和长波紫外辐射（UV-A，320~400nm）。本研究中所涉及的紫外辐射为365nm和254nm，分别属于长波紫外辐射和短波紫外辐射。254nm的紫外光属于短波紫外辐射，其特点是波长小，能量高，因此254nm的紫外光对木豆叶产生逆境胁迫，叶细胞会启动自身的抗逆性机制，增加体内的次生代谢产物——木犀草素、芹菜素的含量，从而抵御外来胁迫。而365nm的紫外光能量较低，作用较温和，效果不如254nm，但两种不同波长的紫外辐射均会导致木豆叶中木犀草素、芹菜素含量的增加。

5.5 本章小结

考察了酸诱导、酶诱导条件对木豆叶中木犀草素、芹菜素含量的影响，确定最佳工艺参数。

酸诱导水解处理木豆叶的工艺参数为：

水解方式：双向酸水解

盐酸浓度：0.5mol/L

水解时间：8h

水解温度：90℃

酸诱导水解处理后，木犀草素的含量为0.124mg/g，芹菜素的含量为0.056mg/g，分别比未经酸诱导水解处理提高61.1%和43.6%。

酶诱导处理木豆叶的工艺参数为：

酶种类：果胶酶

酶浓度：0.4mg/mL

酶诱导时间：36h

酶溶液pH：3.5~4

温度：30~35℃

酶诱导处理后，木犀草素的含量为0.268mg/g，芹菜素的含量为0.132mg/g，分别比未经酶诱导处理提高248.1%和238.5%。

对254nm、365nm两个波长下紫外辐射诱导对木豆叶中木犀草素、芹菜素含量的影响进行了研究。结果表明，254nm紫外辐射下，木犀草素、芹菜素含量提高较为显著，分别提高50.6%和56.4%。

参 考 文 献

冯青然, 陈燕军. 2003. 中药提取工艺研究进展. 中药实验方剂学杂志, 9(增): 61-64.

冯育林, 谢平, 吴蓓, 等. 2002. 中药提取工艺研究概况. 中医药学刊, 20(5): 647-649.

贾立革, 刘锁兰, 李秀青, 等. 2004. 中药提取分离新技术的研究进展. 解放军药学学报, 20(4): 279-283.

刘增琪, 景涛. 2003. 中药提取分离技术的应用进展. 天津药学, 15(4): 64-67.

欧阳光察, 薛应龙. 1988. 植物苯丙烷类代谢的生理意义及其调控. 植物生理学通报, 3. 9-16.

苏文华, 张光飞, 李秀华, 等. 2006. 光强和光质对灯盏花生长与总黄酮量影响的研究. 中草药, 37(8): 1244-1247.

汪虹, 瞿传普, 曹群华, 等. 2002. 酶法提取金耳多糖的研究简报. 食用菌, 24(2): 7-8.

王晖, 刘佳佳. 2004. 银杏黄酮的酶法提取工艺研究. 林产化学通讯, 38(1): 14-16.

王康, 张效林, 薛伟明, 等. 1998. 侧柏叶有效成分提取过程研究. 化学工程, 26(3): 21-24.

王曼, 王小菁. 2002. 蓝光、紫外光的受体及其对CHS表达诱导的研究. 植物学通报, 19(3): 265-271.

王晓, 李林波, 马小来, 等. 2002. 酶法提取山楂叶中总黄酮的研究. 食品工业科技, 23(3), 37-39.

薛长湖, 张永勤, 李兆杰, 等. 2005. 果胶及果胶酶研究进展. 食品与生物技术学报, 24(6): 94-99.

杨莉, 刘亚娜. 2001. 酶法在中药提取制备中的应用. 中药材, 24(1): 72-73.

余冬生, 纪卫章. 2001. 酶法提取香菇多糖. 江苏食品与发酵, (4): 10-11.

余洪波, 张晓显. 2005. 酶法在中药提取中的研究进展. 中成药, 27(5): 591-593.

纵伟. 2000. 酶法提取银杏叶中总黄酮的研究. 山西食品工业, (1): 13-15.

Germ M, Stibilj V, Kreft S, et al. 2010. Flavonoid, tannin and hypericin concentrations in the leaves of St. John's wort (*Hypericum perforatum* L.) are affected by UV-B radiation levels. Food Chemistry, 122: 471-474.

第6章 木豆主要活性成分提取关键技术

6.1 引 言

从植物中提取天然活性成分的常用方法有溶剂提取法、水蒸气蒸馏法及升华法（Xu et al.，2016）。后两种方法的应用范围十分有限，大多数情况下采用溶剂提取法。该法选用适当的溶剂通过回流提取法或连续提取法将活性成分提取出来（周婷等，2009）。一般首先将药材干燥并进行适当的粉碎，以增大药材与溶剂的接触面积，提高提取率。

染料木素、芹菜素属于弱极性分子，不溶于水，易溶于乙醇、甲醇、乙酸乙酯、氯仿等有机溶剂。由于它们的弱极性，乙酸乙酯和氯仿等极性较弱的溶剂的浸提效果较甲醇、乙醇好，但是在实际工业生产中，不仅要充分利用原辅材料，最大限度地提高经济效益，同时必须考虑生产的安全性及对环境的影响。乙酸乙酯和氯仿在生产中不容易彻底除去，会残留在产品中，不仅影响产品的质量，也给后续的纯化研究带来干扰。甲醇毒性大，不利于安全生产，而乙醇对溶质的渗透性好，对环境无污染，又具有较低的毒副作用、价廉、易于回收的优点，利于工业化生产。

连续提取法可以减少溶剂消耗，提高提取率。为了将染料木素、芹菜素尽可能地完全提取出来，需要考察不同提取方法、提取溶剂的组成、提取时间、液固比等因素对提取率的影响，以确定最优的提取条件。

6.1.1 溶剂提取法

1.溶剂提取法的原理

溶剂提取法是根据中草药中各种成分在溶剂中的溶解性质，选用对有效成分溶解度大、对不需要溶出成分溶解度小的溶剂，而将有效成分从药材组织内溶解出来的方法。具体操作是：根据所要提取成分的性质，选择合适的溶剂，加到适当粉碎过的中草药原料中，溶剂由于扩散、渗透作用逐渐通过细胞壁透入细胞内，溶解了可溶性物质，而造成细胞内外的浓度差，于是细胞内的浓溶液不断向外扩散，溶剂又不断进入药材组织细胞中，如此多次往返，直至细胞内外溶液浓度达到动态平衡时，将此饱和溶液滤出，浓缩。继续多次加入新溶剂，重复以上过程，反复多次就可以把所需要的成分近于完全溶出或基本溶出，合并所有的浓缩液，即含有所需有效成分的混合液。

中草药成分在溶剂中的溶解度直接与溶剂性质有关（冯育林等，2002）。溶剂可分为水、亲水性有机溶剂及亲脂性有机溶剂，被溶解成分也有亲水性及亲脂性的不同。亲水性、亲脂性及其程度的大小与化合物的分子结构直接相关。

有机化合物分子结构中，如果亲水性基团多，则其极性大而疏于油；如果亲水性基团少，则其极性小而疏于水。中草药化学成分复杂，有效成分分子结构也比较复杂，同一类有效成分的分子结构还有差异，难以做到用偶极矩和介电常数来比较每一个分子的极性，更多情况下是从分子的结构出发去判断和比较有效成分的极性。一般来说，可分为以下几种情况。

（1）如若两种成分基本母核相同，其分子中功能基的极性越大或极性基团数量越多，整个分子的极性也大，亲水性强，而亲脂性就越弱；反之，其分子中非极性部分越大或碳键越长，则极性越小，亲脂性强而亲水性越弱。如苷与苷元相比，苷分子由于含有糖的部分，极性基团多，因而亲水性较强，多用水或醇提取。用乙醇从种子中提取苷类时，由于乙醇的溶解面广，为避免共存亲脂性成分的干扰，常采用石油醚先除去种子中的油脂等亲脂性成分后再用乙醇或水提取。

（2）如若两种成分的结构类似，分子的平面性越强，亲脂性越强。如黄酮类化合物由于分子中存在共轭体系，平面性强，亲脂性强，多用亲脂性溶剂提取。但二氢黄酮由于分子中的吡喃环被氢化，平面性被破坏，其亲水性明显增强。

（3）如若分子中含有酸性基团或碱性基团，常可与碱或酸反应生成盐而增大水溶性。例如，生物碱可溶于酸，羟基蒽醌可溶于碱，一些含有内酯环的化合物也可与热碱水共煮开环而溶解。

溶剂的性质同样也与其分子结构有关。例如，甲醇、乙醇的分子比较小，有羟基存在，与水的结构很相似，能够和水任意混合，是亲水性比较强的溶剂；而丁醇和戊醇分子中虽都有羟基，保持和水有相似处，但分子逐渐加大，碳链增长，与水性质也就逐渐疏远，虽能与水彼此部分互溶，在它们互溶达到饱和状态之后，丁醇或戊醇都能与水分层。氯仿、苯和石油醚是烃类或氯烃衍生物，分子中没有氧，属于亲脂性强的溶剂。实验室常用的有机溶剂的极性强弱顺序可以表示为：石油醚＜苯＜氯仿＜乙醚＜乙酸乙酯＜丙酮＜乙醇＜甲醇，中草药化学成分不同，分子极性就不同。要做到最大限度地将有效成分从药材中提取出来，需遵循"相似相溶"的原理。植物中的亲水性成分有蛋白质、单糖及低聚糖、黏液质、氨基酸、水溶性有机酸、鞣质、苷及水溶性色素、生物碱盐等。植物中的亲脂性成分有游离生物碱、苷元、非水溶性有机酸、树脂、挥发油、脂溶性色素、油脂和蜡。

2. 溶剂选择

运用溶剂提取法的关键是选择适当的溶剂。溶剂选择适当，就可以比较顺利地将需要的成分提取出来。选择溶剂要注意3点：①溶剂对有效成分溶解度大，对杂质溶解度小；②溶剂不能与中药的成分起化学变化；③溶剂要经济、易得、使用安全、易于回收等。

常见的提取溶剂可分为以下3类。

1）水

水是一种强的极性溶剂。中草药中亲水性的成分，如无机盐、糖类、分子不太大的多糖类、鞣质、氨基酸、蛋白质、有机酸盐、生物碱盐及苷类等都能被水溶出。例如，葡萄糖、蔗糖等分子比较小的多羟基化合物具有强亲水性，极易溶于水。而淀粉虽然羟基数目多，但分子太大，所以难溶于水，不溶或难溶于有机溶剂；苷类都比其苷元的亲水性强，特别是皂苷，由于它们的分子中往往结合较多糖分子，羟基数目多，能表现出较强的亲水性，而皂苷元则属于亲脂性强的化合物；鞣质是多羟基化合物，为亲水性物质。

有时为了增加某些成分的溶解度，也常采用酸水及碱水作为提取溶剂。例如，多数游离的生物碱是亲脂性化合物，不溶或难溶于水，但与酸结合成盐后，能够离子化，加强了极性，就变为亲水物质，不溶或难溶于有机溶剂，所以通常用酸水提取生物碱。对于有机酸、黄酮、蒽醌、内酯、香豆素及酚类成分，则常用碱水提取，可使成分易于溶出。

但水提取存在的问题也不少，主要为：①易酶解苷类成分，且易霉坏变质；②对于含果胶、黏液质类成分的中草药，其水提取液常常呈胶状，很难过滤；③含淀粉量多的中草药，沸水提取时，中草药中的淀粉可被糊化，而增加过滤的困难，所以不宜磨成细粉后加水煎煮；④含有皂苷成分较多的中草药，水提液在减压浓缩时，常会产生大量泡沫，浓缩困难。

中药传统用的汤剂，多用中药饮片直火煎煮，加温除可以增大中药成分的溶解度外，还可能与其他成分产生"助溶"现象，增加了一些水中溶解度小的、亲脂性强的成分的溶解度。但多数亲脂性成分在沸水中的溶解度是不大的，即使有助溶现象存在，也不容易提取完全。如果应用大量水煎煮，就会增加蒸发浓缩时的困难，且会溶出大量杂质，给进一步分离提纯带来麻烦。

2）亲水性有机溶剂

亲水性有机溶剂即一般所说的与水能混溶的有机溶剂，如乙醇（酒精）、甲醇（木精）、丙酮等，以乙醇最常用。乙醇的溶解性能比较好，对中草药细胞的穿透能力较强。亲水性成分除蛋白质、黏液质、果胶、淀粉和部分多糖、油脂和蜡等外，大多能在乙醇中溶解。难溶于水的亲脂性成分，在乙醇中的溶解度也较大。而且还可以根据被提取物质的性质，采用不同浓度的乙醇进行提取。用乙醇提取比用水量较少，提取时间短，溶解出的水溶性杂质也少。乙醇为有机溶剂，虽易燃，但毒性小，价格便宜，来源方便，有一定设备即可回收反复使用，而且乙醇的提取液不易发霉变质。因此乙醇是实验室和工业生产中应用范围最广的一种溶剂。甲醇的性质和乙醇相似，沸点较低（64℃），但因为有毒性，所以提取时少用，使用时应注意安全。

3）亲脂性有机溶剂

亲脂性有机溶剂即一般所说的与水不能混溶的有机溶剂，如石油醚、苯、氯仿、乙醚、乙酸乙酯、二氯乙烷等。这些溶剂的选择性能强，不能或不容易提出亲水性杂质，易提取亲脂性物质，如油脂、挥发油、蜡、脂溶性色素等强亲脂性成分。但这类溶剂挥发性大，多易燃（氯仿除外），一般有毒，价格较贵，设备要求较高，操作需要有通风设备。另外，这类试剂透入植物组织的能力较弱，往往需要长时间反复提取才能提取完全。如果药材中含有较多水分，用这类溶剂就很难浸出其有效成分。因此，大量提取中草药原料时，直接应用这类溶剂有一定的局限性。

3. 提取方法

用溶剂提取中草药成分，常用浸渍法、渗漉法、煎煮法、回流提取法、连续提取法、超声提取技术、微波辅助提取技术、超声界流体萃取技术、酶法提取等。

1）浸渍法

浸渍法适用于有效成分遇热易挥发和易破坏的中草药的提取。按溶剂的温度分为热浸、温浸和冷浸等数种。浸渍法的操作是先将中草药粉末或碎块装入适当的容器中，加入适宜的溶剂（如乙醇或水等），浸渍药材以溶出其中成分的方法。本法比较简单易行，但浸出率较差，并且如果用水为溶剂，其提取液易发霉变质，须注意加入适当的防腐剂。此外，最好采用2次或3次浸渍，以减少由药渣吸附导致的损失，提高效率。

2）渗漉法

渗漉法是将中草药粉末装在渗漉器中，不断添加新溶剂，使其渗透过药材，自上而下从渗漉器下部流出浸出液的一种浸出方法。当溶剂渗进药粉溶出成分后，由于其比重加大而向下移动时，上层新加入的溶液或稀浸液便置换其位置，造成良好的浓度差，使扩散能较好地进行，提取过程是一种动态过程，故浸出效果优于浸渍法。但应控制流速，在渗漉过程中随时自药面上补充新溶剂，使药材中有效成分充分浸出为止。也可以当渗漉液颜色极浅或渗漉液的体积相当于原药材重的10倍时，便可认为基本上已提取完全。在大量生产中常将收集的稀渗漉液作为另一批新原料的溶剂用。

3）煎煮法

煎煮法是我国最早使用的传统的浸出方法。此法简单易行，能煎出大部分有效成分，但煎出液中杂质较多，且容易发生霉变，一些不耐热挥发性成分易损失。一般药材宜煎2次。所用容器一般为陶器、砂罐或铜制、搪瓷器皿，不宜用铁锅，以免药液变色。直火加热时最好时常搅拌，以免局部药材受热太高，容易焦糊。有蒸汽加热设备的药厂，多采用大反应锅、大铜锅、大木桶或水泥砌的池子中通入蒸汽加热。还可将数个煎煮器通过管道互相连接，进行连续煎浸。

4）回流提取法

应用有机溶剂加热提取时，必须采用回流加热装置，以免溶剂挥发损失并减少有毒溶剂对实验操作者的毒害。小量操作时，可在圆底烧瓶上连接回流冷凝器，瓶内装药材为容量的1/3~1/2，溶剂浸过药材表面1~2cm，在水浴中加热回流，一般保持沸腾约1h后，将提取液放冷过滤，再在药渣中加溶剂，做第二、第三次加热回流分别约半小时，或至基本提尽有效成分为止。此法提取效率较冷浸法高，但由于操作的局限性，生产中也很少被采用。

5）连续提取法

连续提取法是实验室做中药有效成分分析时，用有机溶剂提取中常用的方法，通常用脂肪提取器或索氏提取器来完成。这种提取法溶剂用量较少，提取成分也较完全，但一般需数小时才能提取完全，所以遇热不稳定易变化的中药成分不宜采用此法。尽管如此，在应用挥发性有机溶剂提取中草药有效成分时，不论小型实验或大型生产，均以连续提取法为好。

6）超声提取技术

超声波是一种高频率的机械波，超声场主要通过超声空化向体系提供能量（Kudo et al.，2017；Zhang et al.，2017；Yolmeh et al.，2014）。频率在15~60kHz的超声，常被用于过程强化和引发化学反应，超声波在中药有效成分提取等方面已有了一定的应用。其原理主要是利用超声空化作用对细胞膜的破坏，有助于溶质扩散，同时超声波的热效应使水温基本保持在57℃，对原料有水浴作用。超声提取与传统的回流提取法、索氏提取法等比较，具有提取速度快、时间短、收率高、无需加热等优点，已被许多中药分析过程选为供试样处理的手段。超声提取的频率和时间都会影响有效成分的得率。有关专家研究了不同频率超声对提取黄芩苷成分的影响，比较在不同的提取时间内，频率分别为20kHz、800kHz、1100kHz时，从中药黄芩根中提取黄芩苷成分的收率，以20kHz下收率最高，分析原因是该频率下超声空化效应强，加之粉碎效应，有利于有效成分的溶出和释放。他们进一步研究了该频率下不同提取时间对黄芩苷提取率的影响，曲线存在极值，可能是超声时间过长，对活性成分有一定的破坏作用。

超声提取能提高有效成分的收率。秦梅颂（2010）观察了超声时间和超声频率对黄芩苷提取率的影响，结果发现用20kHz的超声提取10min，黄芩苷的收率都比煎煮法提取3h高，对化合物的结构没有任何影响。毕丽君和李慧（1999）采用80%乙醇浸泡水芹，超声30min，连续提取2次，总黄酮的浸出率为94.6%，而用醇提法仅为73%。郭孝武（1999）还研究了不同频率的超声对提取大黄中蒽醌类成分的影响，无需加热，频率不同，收率也不同，尤其以20kHz的频率大黄蒽醌类成分的提取率最高。超声处理10min，收率为95.25%，而煎煮3h收率仅为63.27%（毕丽君和李慧，1999）。另外，有关沙棘多糖、虫草多糖、香菇多糖、猴头多糖、枸杞多糖、黄连素、益母草总碱的超声提取研究也有报道。

中草药成分大多为细胞内产物，提取时往往需要将细胞破碎，而现有的机械或化学破碎方法有时难以取得理想的效果，所以超声破碎在中草药成分的提取中已显示出明显的优势。超声提取避免了高温加热对有效成分的破坏，但操作时对容器壁的厚薄、放置的位置要求比较高，目前实验研究都处于小规模阶段，要用于大规模生产，还需要解决有关工程设备的放大问题。

7）微波辅助提取技术

微波辅助提取是新发展起来的利用微波能来提高提取效率的新技术。被提取中药有效成分在微波电磁场中快速转向及定向排列，从而产生撕裂和相互摩擦引起发热，可以保证能量的快速传递和充分利用，易于溶出和释放。微波辅助提取的研究表明，微波辅助提取技术具有选择性高、操作时间短、溶剂耗量少、有效成分收率高的特点，已被成功应用在药材的浸出、中药活性成分的提取方面。它的原理是利用磁控管所产生的每秒24.5亿次超高频率的快速振动，使药材内分子间相互碰撞、挤压，这样有利于有效成分的浸出，提取过程中药材不聚集、不糊化，克服了热水提取易凝聚、易糊化的缺点。

8）超临界流体萃取技术

超临界流体萃取技术是以临界状态下的流体为萃取剂，从液体或固体中萃取中药材中的有效成分并进行分离的方法。超临界流体萃取（supercritical fluid extraction，SFE）技术是20世纪60年代兴起的一种新型分离技术。国外已广泛用于香料、食品、石油、化工等领域。20世纪80年代以来，由于其选择分离效果好、提取率高、产物没有有机溶剂残留、有利于热敏性物质和易氧化物质的萃取等特点，超临界流体萃取技术逐渐被应用到中草药有效成分的提取分离上，并且与GC、IR、GC-MS、HPLC等联用形成有效的分析技术。传统提取中药有效成分的方法，如水蒸气蒸馏法、减压蒸馏法、溶剂萃取法等，其工艺复杂、产品纯度不高，而且易残留有毒有害的有机溶剂。而超临界流体萃取技术是利用流体在超临界状态时具有密度大、黏度小、扩散系数大等优良的传质特性而成功开发的，它具有提取率高、产品纯度好、流程简单、能耗低等优点，并且其操作温度低、系统密闭，尤其适合不稳定、易氧化的挥发性成分和脂溶性、分子量小的物质的提取分离，为此类成分的提取分离提供了目前最先进的方法。对于极性较强、分子量较大的物质，采用在超临界流体中加入适宜的夹带剂或改良剂，如甲醇、乙醇、丙酮、乙酸乙酯、水等及时增加压力，改善流体溶解性质，使超临界流体萃取对生物碱、黄酮类、皂苷类等非挥发性有效成分的应用也日趋普遍。可见，这项技术在未来具有广阔的发展前景（Yao et al.，2015；李婷婷，2014；卢艳花，2005；郭孝武，1999）。

9）酶法提取

中草药的细胞壁由纤维素构成，其中有效成分往往是包裹在细胞壁内，酶法就是利用纤维素酶、果胶酶、蛋白酶等（主要是纤维素酶）破坏植物的细胞壁，以利于有效成分最大限度溶出的一种方法。这是一项很有前途的新技术，在国内，上海中药制药一厂首先应用酶法成功制备了生脉饮口服液（潘有智，2014）。

4. 影响提取效率的因素

溶剂提取法的关键在于选择合适的溶剂及提取方法，但是在操作过程中，原料粒度、提取温度、提取时间、设备温度、设备条件等因素也都能影响提取效率，必须加以考虑。

1）原料粒度

粉碎是中药前处理过程中的必要环节，通过粉碎可增加药物的比表面积，促进药物的溶解与吸收，加速药材中有效成分的浸出。但粉碎过细，药粉比表面积太大，吸附作用增强，反而影响扩散速度，尤其是含蛋白质、多糖类成分较多的中药，粉碎过细，用水提取时容易产生黏稠现象，影响提取效率。原料粒度应该考虑选用的提取溶剂和药用部位，如果用水提取，最好采用粗粉，用有机溶剂提取可略细。原料为根茎类最好采用粗粉，全草类、叶类、花类等可用细粉。

2）提取温度

温度增高使得分子运动速度加快，渗透、扩散、溶解的速度也加快，所以热提比冷提的提取效率高，但杂质的提出也相应有所增加。另外，温度也不可以无限制增高，过高的温度会使有些有效成分氧化分解而遭到破坏。一般加热到60℃左右为宜，最高不宜超过100℃。

3）提取时间

在药材细胞内外有效成分的浓度达到平衡以前，随着提取时间的延长，提取出的量也增加。所以，提取时间没必要无限延长，只要合适，提取完全即可。一般来说，加热提取3次，每次1h为宜。

6.1.2　负压空化提取技术

负压空化提取技术是以气泡理论为理论基础，在气-液两相或气-液-固三相的混沌体系中有效物质在气泡产生的空化空蚀效应、湍流效应、混旋效应及界面效应的作用下进行相间的快速传递，形成动态的强化传质体系的提取过程（Kong et al.，2011；Zhang et al.，2011；Yan et al.，2010；祖元刚等，2007）。

1. 气泡理论

当连续地把气体释放进液相或固-液两相中时，由于气流在外力（正压、负压）作用下，与液-液两相或液-固两相相互冲撞，以及气-液两相或气-液-固三相交界面处表面张力之间的不平衡等因素，气泡上升并带动液体形成主要是向上的流动，气流破碎成气泡，液相破碎成液泡，形成气-液两相或气-固-液三相的混沌体系。

空化气泡的形成与气速有关。当进入固-液或渗液体系内的操作气速较低时，颗粒尚未被流化，气体由颗粒缝隙溢出，气体的通过只能使颗粒的空隙率发生变化，不形成气泡。达到临界流化状态后，细颗粒开始形成良好的散式流态化，且体系膨胀明显；高速时形成气泡，且随着气速的增大，气泡的数量和尺寸迅速膨胀，体系就会形成气泡相和乳化相。当关掉气阀或卸掉负压至常压时，体系内的混旋状态消失，气泡相迅速溃灭，乳化相亦随之消失。气泡的形状一般随气泡的尺寸而异，小气泡接近于球状，较大时则扁平并扭曲，大气泡呈球帽状。气泡现象是负压空化提取过程的最基本的特征（魏薇，2013）。气泡的行为不但对装置内的流体力学性能发生作用，而且对气-液-固或气-液-液混合、传质和传热性能都有明显的影响。

2. 空化空蚀

负压空化提取技术最主要的作用是空化空蚀效应。所谓空化（cavitation）一般是指液体内部局部压力降低时，液体内部或液-固交界面上蒸汽或气体的空穴（空泡）的形成、发展和溃灭的过程（Karabegović et al.，2013；Zhao et al.，2011；杨再等，2006；Cláudio et al.，2013）。空泡在随液体流动的过程中，遇到周围压力增大时，体积将急剧缩小或溃灭，遇到周围压力减小时，体积急剧膨胀分解成小气泡或迅速崩解。当溃灭发生在固体表面附近时，由于空泡瞬间（微秒级）溃灭产生极高的瞬时压强，极高压强反复作用，从而破坏固体表面，这种现象称为空蚀，又称气蚀。过流壁面产生空蚀破坏的主要机理是机械作用，是由空泡溃灭时产生的微射流和冲击波的强大冲击所产生。空泡溃灭时还产生热力作用，空泡含有的气体温度很高（估计达数百度），当空泡溃灭时这些热气体与物体表面接触，使物体表面局部加热到熔点，使局部强度降低而破坏。

负压空化提取技术是利用负压空化气泡产生强烈的空化效应和机械振动，造成样品颗粒细胞壁快速破裂，加速了胞内物质向介质释放、扩散和溶解，从而促进提取。负压空化提取与传统的热回流提取法、索氏提取法等比较，具有条件温和、提取温度低、提取率高、耗能低、设备简单、方法易行、可实施大规模的产业化生产等优点。

6.2　实验材料和仪器

实验材料和仪器见表6-1。

表 6-1　材料和仪器

名称	规格或型号	生产厂家
高效液相色谱仪	Agilent 1200 Series	美国Agilent公司
泵	Agilent G1322A	美国Agilent公司
多波长检测器	Agilent G1311A	美国Agilent公司
系统软件	Agilent ChemStation	美国Agilent公司
反相色谱柱	Diamonsil C18V	中国迪马公司
水纯化系统	Milli-Q	美国Millipore公司
高速离心机	22R型	德国Heraeus Sepatech公司
数控超声机	KQ-250DB型	昆山市超声仪器有限公司
电子天平	AB104型	瑞士Mettler-Toledo公司
空化提取器		自制
循环水式多用真空泵	SHB-IIIA	郑州长城科贸有限公司
旋转蒸发仪	RE-52AA	上海青浦沪西仪器厂
透射扫描电子显微镜	Hitachi S-520型	美国Hitachi公司
甲醇	色谱纯	百灵威
甲酸	色谱纯	天津市科密欧化学试剂
乙醇	分析纯	哈尔滨化工试剂厂
甲醇	分析纯	沈阳东兴试剂厂
石油醚	分析纯	天津光复精细化工研究所
乙酸乙酯	分析纯	北京化工厂
微孔滤膜	孔径0.45μm	上海市新亚净化器厂
木豆根	生药	海南省东方市（人工种植基地）

6.3　实验方法

6.3.1　目标化合物的HPLC分析

色谱柱：Diamonsil C18V（5μm，内径250mm×4.6mm），流速：1mL/min，柱温：30℃，检测波长：260nm，进样量：10μL。流动相：甲醇-水-甲酸（65∶34.935∶0.065，$V/V/V$）。

6.3.2　提取率计算

按照下列公式计算目标物的提取率。

$$提取率（mg/g）= C×V/M$$

式中，C为样品所测物质的浓度（mg/mL）；V为样品体积（mL）；M为木豆根干重（g）。

6.3.3　不同提取方法分析样品的制备

负压空化提取：精确称取10.0g粒径为50目的木豆根粉末3份，从样品口倒入空化提取器中，加入体积分数为70%的乙醇溶液450mL，将提取器与真空泵相连，从提取器底部通入氮气，控制反应器内压力为-0.05MPa，室温提取45min后从底部的出液口将提取液放出，连续提取3次，合并提取液，浓缩至干，用一定体积的甲醇溶出，以0.45μm微孔滤膜过滤，HPLC测定。

浸泡提取：称取10.0g粒径为50目的木豆根粉末3份，分别置于三角瓶中，加入体积分数为70%的乙醇溶液800mL，室温浸泡12h，提取3次，抽滤，分离提取液和滤渣。合并提取液，浓缩至干，用一定体积的甲醇溶出，以0.45μm微孔滤膜过滤，HPLC测定。

超声提取：称取10.0g粒径为50目的木豆根粉末3份，分别置于三角瓶中，加入体积分数为70%的乙醇溶液450mL，在提取温度为50℃的条件下，超声提取3次，每次60min，抽滤，分离提取液和滤渣。合并提取液，浓缩至干，用一定体积的甲醇溶出，以0.45μm微孔滤膜过滤，HPLC测定。

热回流提取：称取10.0g粒径为50目的木豆根粉末3份，分别置于圆底烧瓶中，加入体积分数为70%的乙醇溶液650mL，将圆底烧瓶固定于水浴锅中，80℃加热回流提取3h，静止冷却，连续提取3次。合并提取液，提取液浓缩至干，用一定体积的甲醇溶出，以0.45μm微孔滤膜过滤，HPLC测定。

6.3.4　负压空化提取工艺参数的单因素优化实验

实验操作过程：将木豆根粉末筛分为不同粒径，分别准确称取若干份，每份

10.0g。将称好的木豆根粉末加入负压空化反应器的容器中，加入提取溶剂后将装置与真空泵相连并同时打开流量计阀门使氮气通入反应器中，反应器中的负压强度可通过阀门进行调节。根据实验设计，提取过程分别在不同的条件下进行，所研究的具体工艺参数包括：提取时间、粒径大小、负压强度、乙醇浓度和液固比对提取效率的影响。每份样品提取完成后进行抽滤，滤渣重复提取3次。合并提取液，浓缩至一定体积，取样，经孔径0.45μm微孔滤膜过滤，待HPLC测定，每个因素水平均选取3个平行样。

1. 负压空化提取乙醇浓度的优化

精确称取10.0g粒径为50目的木豆根干粉，从样品口倒入负压空化提取器中，以液固比45∶1（mL/g）分别加入体积分数为0、20%、50%、60%、70%、80%、90%和100%的乙醇溶液，将空化提取器与真空泵连接，控制负压压力为-0.05MPa，室温提取45min，将提取液与滤渣分离，将提取液浓缩至干，用一定体积的甲醇溶出，以0.45μm微孔滤膜过滤，HPLC测定。每组做3个平行。

2. 负压空化提取液固比的优化

精确称取10.0g粒径为50目的木豆根干粉，从样品口倒入空化提取器中，按液固比分别为5∶1、10∶1、20∶1、30∶1、40∶1、50∶1（mL/g）加入体积分数为70%的乙醇溶液，控制负压压力为-0.05MPa，室温负压空化提取45min，提取1次，抽滤，将提取液浓缩至干，用一定体积的甲醇溶出，以0.45μm微孔滤膜过滤，HPLC测定。每组做3个平行。

3. 负压空化提取时间的优化

精确称取10.0g粒径为50目的木豆根干粉，从样品口倒入空化提取器中，按液固比45∶1（mL/g）加入体积分数为70%的乙醇溶液，控制负压压力为-0.05MPa，室温负压空化提取，提取时间分别为10min、20min、30min、45min、60min、90min、120min。抽滤，提取液浓缩至干，用一定体积的甲醇溶出，以0.45μm微孔滤膜过滤，HPLC测定。每组做3个平行。

4. 负压空化提取负压强度的优化

精确称取10.0g粒径为50目的木豆根干粉，从样品口倒入空化提取器中，按液固比45∶1（mL/g）加入体积分数为70%的乙醇溶液，控制负压压力分别为-0.02MPa、-0.03MPa、-0.04MPa、-0.05MPa、-0.06MPa、-0.07MPa、-0.08MPa，室温负压空化提取45min，抽滤分离提取液和滤渣。提取液浓缩至干，用一定体积的甲醇溶出，以0.45μm微孔滤膜过滤，HPLC测定。每组做3个平行。

5. 负压空化提取原料粒径的优化

精确称取10.0g粒径分别为20目、30目、40目、50目、60目、70目、80目的木豆根干粉，从样品口倒入空化提取器中，按液固比45∶1（mL/g）加入体积分数为70%的乙醇溶液，控制负压压力为-0.05MPa，室温负压空化提取45min，抽滤分离提取液和滤渣。提取液浓缩至干，用一定体积的甲醇溶出，以0.45μm微孔滤膜过滤，HPLC测定。每组做3个平行。

6. 负压空化提取次数的优化

精确称取10.0g木豆根干粉，从样品口倒入空化提取器中，按液固比45∶1加入体积分数为70%的乙醇溶液，控制负压压力为-0.05MPa，室温负压空化提取45min，提取次数为5次，抽滤分离提取液和滤渣。将每次的提取液单独浓缩至干，用一定体积的甲醇溶出，以0.45μm微孔滤膜过滤，HPLC测定。每组做3个平行。

6.3.5　负压空化提取工艺参数的中心组合优化实验

根据单因素实验可以看出，在负压空化提取木豆根中染料木素和芹菜素的过程中，所用乙醇体积分数、液固比、负压压力3个因素对提取效率有着不同程度的影响。因此，选用3因素5水平的中心组合实验设计并结合响应面优化对实验进行进一步优化，以考察这3个因素不同水平下的组合对染料木素和芹菜素提取率的影响，具体的水平选择见表6-2。

表6-2　中心组合实验因素与水平表

因素	水平				
	-1	0	1	-1.68	1.68
负压压力（MPa）	-0.035	0.05	0.065	-0.025	0.075
乙醇体积分数（%）	60	70	80	53.18	86.82
液固比（mL/g）	30	40	50	23.18	57.82

6.3.6　扫描电镜观察

将负压空化提取、浸泡提取、超声提取和热回流提取后的木豆根剩余物，干燥后取少量固定在导电胶上，镀金，用Hitachis-520透射扫描电镜，在15.0kV的高真空模式下，观察4种提取方法提取后木豆根样品的形态学变化。

6.4　结果与讨论

6.4.1　不同提取方法的比较

从表6-3可以看出，对于染料木素和芹菜素，负压空化提取和超声提取的提取率要高于浸泡提取和热回流提取。浸泡提取和热回流提取要达到较高的提取率，需要的提取时间较长，分别为12h和3h，而且热回流提取需要的温度较高，达80℃。

表6-3　不同提取方法对染料木素和芹菜素提取率的影响

方法	时间（h）	液固比（mL/g）	温度（℃）	压力（MPa）	提取率（mg/gDW）	
					染料木素	芹菜素
浸泡提取	12	80∶1	室温	—	0.322	0.081
热回流提取	3	65∶1	80	—	0.388	0.103
超声提取	1	45∶1	50	—	0.402	0.112
负压空化提取	0.75	45∶1	室温	-0.05	0.418	0.118

负压空化提取和超声提取相比，提取率相差不大，可能是因为负压空化提取和超声提取的基础都是"空化"效应，负压空化提取是利用负压产生空化气泡，超声提取是利用超声波产生强烈的高频机械振荡从而产生空化气泡，空化气泡溃灭瞬间产生极高的瞬间高压，连续不断产生的高压就像一连串小"爆炸"不断地冲击物料表面，对细胞膜进行破坏，有助于溶质扩散和细胞内溶物溶出，提高提取率。但超声提取需要的温度（40~50℃）比负压空化提取（室温）高，而且负压空化提取通入氮气，可防止这两种黄酮类化合物被氧化。在工业化生产应用中，超声提取有一定的局限性，而负压空化提取可用于大规模生产。

因此，从节约能源、提高效率、工业化生产等方面考虑，选择负压空化提取作为最优的提取方法，并用于以下实验。

6.4.2　负压空化提取工艺参数的单因素优化结果

1. 负压空化提取乙醇浓度的确定

从图6-1可以看出，随着乙醇体积分数的增加，染料木素和芹菜素的提取率先呈上升趋势后呈下降趋势。从图6-1可知，染料木素和芹菜素在乙醇体积分数为70%时提取率达到最大，分别为0.417mg/g和0.117mg/g。而在乙醇体积分数稍低或稍高时，两化合物的提取率都有不同幅度的降低，其中染料木素的降低幅度较为明显。

这种情况是由于染料木素和芹菜素属于黄酮苷元，分子结构中又含有许多酚羟基，属于中等极性分子，易溶于乙醇、乙酸乙酯、氯仿，纯品在甲醇、水中的溶解性不好，不溶于石油醚、正己烷等非极性溶剂。根据相似相溶原理，染料木素和芹菜素在体积分数70%的乙醇溶液中提取率最大。因此在生产中，为了缩短时间、降低成本，可以采用70%工业乙醇同时提取木豆根中的染料木素和芹菜素。

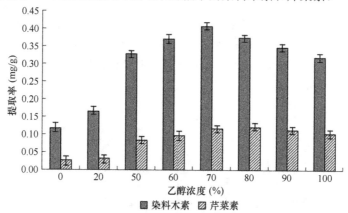

图6-1　不同乙醇体积分数对染料木素和芹菜素提取率的影响

2. 负压空化提取液固比的确定

当提取过程达到平衡时，染料木素和芹菜素在液相和固相中的浓度比为常数，即这两种黄酮在一定量乙醇溶液中存在溶解极限。从图6-2可知，液固比对染料木素和芹菜素提取率的影响趋势相同，即随着液固比的增加，这两种物质的提取率均增大。当液固比为5∶1、10∶1、20∶1时，提取率增加迅速，这是因为液固比小于20∶1时，木豆根中染料木素和芹菜素的含量一定，溶剂体积不足及溶解度的限制，这两种物质并没有被完全提取出来，残留在木豆样品中的量较多；当液固比大于30∶1时，染料木素和芹菜素提取率增加趋势变缓，这是因为木豆根中含有的绝大部分染料木素和芹菜素已经被提取出来。考虑到溶剂的消耗量和实际生产成本，本研究中将液固比选定为30∶1。

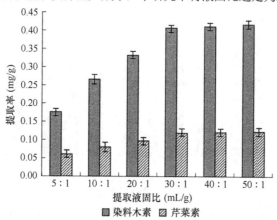

图6-2　不同液固比对染料木素和芹菜素提取率的影响

3. 负压空化提取时间的确定

提取时间对于目标物质在样品和提取溶剂之间的分配平衡至关重要。由图6-3可以看出，从提取开始到45min，染料木素和芹菜素提取率提高迅速，当提取时间达到45min以后，提取率没有明显增加的趋势，说明在45min后染料木素和芹菜素在溶液中已经达到溶解平衡，其在45min时的提取率分别为0.413mg/g和0.122mg/g，与它们在60min时提取率相差不大。综合考虑染料木素和芹菜素提取率及时间因素，本研究选择提取时间为45min。

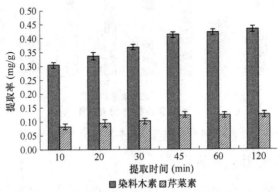

图6-3　不同提取时间对染料木素和芹菜素提取率的影响

4. 负压空化提取压力的确定

负压压力在负压空化提取中是一个重要参数，它能影响空化提取效率和最终的提取率。从图6-4可知，在负压压力为0时两种化合物的提取率有一个较高值，随着负压压力降低，染料木素和芹菜素的提取率先降低后增加直到负压压力为-0.05MPa时提取率达到峰值，当负压压力低于-0.05MPa时，这两种化合物的提取率逐渐降低。这种情况说明当负压为0时，较高的气流量能够提供较多的气泡，使原料与提取溶

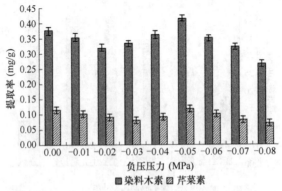

图6-4　负压压力对染料木素和芹菜素提取率的影响

剂混合度提高从而得到一个较高的提取率，而当负压值在-0.05MPa时，气泡所产生的流动性及气泡溃灭时产生的空化作用达到一个很好的结合点，使得其对两种物质的提取率达到最大值。因此，综合考虑染料木素和芹菜素的提取率和氮气用量，选择-0.05MPa为最佳负压压力。

5. 负压空化提取原料粒径的确定

原料粒径通过影响溶剂和溶质在固体物料中的渗透速度和扩散速度来影响溶质的溶出速度。从图6-5可以看出，随着原料粒径的减小，在其他条件均等的条件下，染料木素和芹菜素的提取率呈增加趋势。原料粒径大于50目时，提取率增加趋势缓慢，而当原料粒径达到70目时，两种物质的提取率有下降趋势。这种情况是因为提取包括了扩散、渗透、溶解等过程，原料经粉碎后粒径变小，溶出路径缩短，增大了溶剂与物料的接触面积，浸出速度加快，提取效率提高，故提取率就随着粒径的减小而升高。在实验过程中，原料粉碎度的选择与选用的溶剂有直接关系，乙醇的溶解性能较好，溶出的水溶性杂质也较少，适宜选用略细的粉末，若粒径再小一些，可能使样品粉粒自身的吸附作用增强，并不利于浸出，还会增加提取物中杂质的含量，增加后处理的难度。因此，考虑到前后处理及提取效率问题，选择50目的粒径用于染料木素和芹菜素的提取。

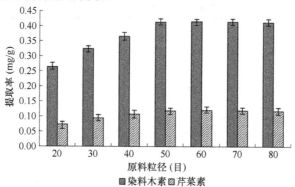

图6-5　不同原料粒径对染料木素和芹菜素提取率的影响

6. 负压空化提取次数的确定

用提取溶剂提取目标产物时，提取次数越多，目标产物总提取量也越多，但同时提取溶剂消耗量也越多，不利于后续蒸发溶剂进行浓缩的操作。因此有必要确定合适的提取次数，以求用最少的溶剂量提取出最多的目标产物。

从图6-6可以看出，不同提取次数提取出的染料木素和芹菜素的量相差很明显，随着提取次数的增加，这两种物质的提取率下降。提取超过3次时，只有极少数的染料木素和芹菜素被提取出来。因此，考虑总提取时间和总溶剂用量，提高提取效率，确定提取次数为3次，就可将大部分染料木素和芹菜素提取出来。

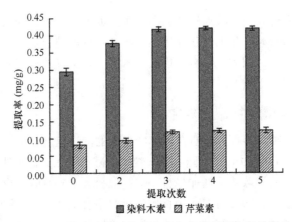

图 6-6　不同提取次数对染料木素和芹菜素提取率的影响

6.4.3　负压空化提取工艺参数的中心组合优化结果

针对在单因素实验中对染料木素和芹菜素提取率影响比较明显的3个因素：负压压力、乙醇浓度、液固比进行3因素5水平6个中心点的中心组合实验，结果见表6-4，对其进行响应面分析后，所得结果见图6-7和表6-5。

表6-4　染料木素和芹菜素提取率中心组合实验结果

实验组	因素			染料木素提取率（mg/gDW）		芹菜素提取率（mg/gDW）	
	X_1（压力，MPa）	X_2（乙醇浓度，%）	X_3（液固比，mL/g）	实验值	预期值	实验值	预期值
1	−1（−0.035）	−1（60）	−1（30）	0.334	0.328.	0.092	0.093
2	1（−0.065）	−1（60）	−1（30）	0.332	0.319	0.091	0.095
3	−1（−0.035）	1（80）	−1（30）	0.341	0.341	0.097	0.102
4	1（−0.065）	1（80）	−1（30）	0.318	0.316	0.086	0.078
5	−1（−0.035）	−1（60）	1（50）	0.353	0.361	0.102	0.105
6	1（−0.065）	−1（60）	1（50）	0.332	0.337	0.092	0.096
7	−1（−0.035）	1（80）	1（50）	0.357	0.374	0.103	0.106
8	1（−0.065）	1（80）	1（50）	0.323	0.334	0.088	0.086
9	−1.682（−0.025）	0（70）	0（40）	0.352	0.343	0.101	0.096
10	1.682（−0.075）	0（70）	0（40）	0.301	0.302	0.082	0.078
11	0（−0.050）	−1.682（53.18）	0（40）	0.328	0.334	0.091	0.095
12	0（−0.050）	1.682（86.82）	0（40）	0.357	0.343	0.104	0.108
13	0（−0.050）	0（70）	−1.682（23.18）	0.332	0.347	0.092	0.097

续表

实验组	因素			染料木素提取率 （mg/gDW）		芹菜素提取率 （mg/gDW）	
	X_1 （压力，MPa）	X_2 （乙醇浓度，%）	X_3 （液固比，mL/g）	实验值	预期值	实验值	预期值
14	0（-0.050）	0（70）	1.682（57.82）	0.411	0.389	0.114	0.109
15	0（-0.050）	0（70）	0（40）	0.415	0.417	0.111	0.117
16	0（-0.050）	0（70）	0（40）	0.411	0.417	0.117	0.117
17	0（-0.050）	0（70）	0（40）	0.412	0.417	0.115	0.117
18	0（-0.050）	0（70）	0（40）	0.418	0.417	0.121	0.117
19	0（-0.050）	0（70）	0（40）	0.419	0.417	0.113	0.117
20	0（-0.050）	1（80）	0（40）	0.417	0.417	0.120	0.117

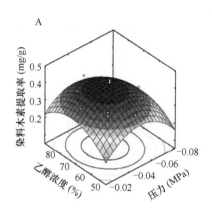

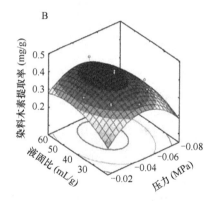

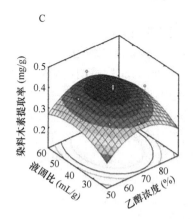

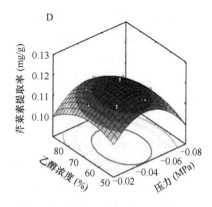

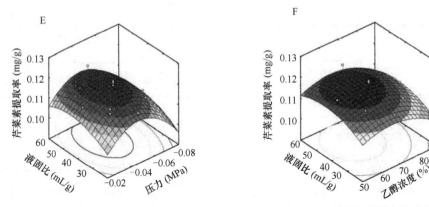

图6-7　染料木素（A～C）和芹菜素（D～F）对于负压压力、乙醇浓度和液固比的响应面分析
（彩图请扫封底二维码）

表6-5　中心组合实验结果的模型及方差分析

参数	P值	F值	标准误差	R^2	变异系数（%）
模型：染料木素	<0.0001	9.26	0.072	0.9435	2.08
X_1-压力	0.0065	10.48	0.0664		
X_2-乙醇浓度	0.0143	6.36	0.0664		
X_3-液固比	0.0082	7.89	0.0664		
模型：芹菜素	<0.0001	8.52	0.079	0.9512	2.33
X_1-压力	0.0041	9.63	0.0608		
X_2-乙醇浓度	0.0162	6.76	0.0608		
X_3-液固比	0.0067	7.07	0.0608		

　　从表6-4中可以看出，两种化合物的提取率与预期值相近，这证明了中心组合实验预测模型的准确性。从表6-5的分析可以看出，两种化合物的实验模型都有很高的相关系数，分别为0.9435和0.9512。模型的F值分别为9.26和5.52，证明模型是非常有效的，两种化合物的P值都小于0.0001，说明整个模型的相关性很强。通常我们认为变异系数（CV）小于5%就证明这个模型是可重复的，并且可看出只有0.01%的概率会发生影响结果的干扰因素。从表6-5可以看出各因素对提取率影响程度为：负压压力＞液固比＞乙醇浓度，其中负压压力对整个实验影响极为显著。通过响应面分析得出两种化合物与相对应提取条件的相关方程（1）和（2）：

$$Y_1 = -1.7508 + 16.9377X_1 + 0.0402X_2 + 0.0162X_3 - 0.0283X_1X_2 - 0.0250X_1X_3 + 2.5000$$
$$\times 10^{-6}X_2X_3 - 147.6362X_1^2 - 2.7561 \times 10^{-4}X_2^2 - 1.7308 \times 10^{-4}X_3^2 \tag{6-1}$$

$$Y_2 = -0.8696 + 12.0975X_1 + 0.0216X_2 + 0.0123X_3 + 0.0117X_1X_2 + 0.0033X_1X_3 + 2.5000$$
$$\times 10^{-6}X_2X_3 - 139.1215X_1^2 - 1.6807 \times 10^{-4}X_2^2 - 1.4332 \times 10^{-4}X_3^2 \tag{6-2}$$

式中，Y_1、Y_2分别代表染料木素和芹菜素的提取率；X_1代表负压压力；X_2代表乙醇浓度；X_3代表液固比。通过解方程（6-1）和（6-2）可得出提取两种化合物的最优条件。染料木素：负压压力为-0.05MPa，乙醇浓度为70.67%，液固比为43.89∶1；芹菜素：负压压力为-0.05MPa，乙醇浓度为69.29%，液固比为44.13∶1。

　　因此，对于同时提取两种化合物时可选择最优条件为：负压压力为-0.05MPa，乙醇浓度为70%，液固比为44∶1。相应地，结合已优化好的其他因素可得出负压空化提取染料木素和芹菜素的最优条件：负压压力为-0.05MPa，乙醇浓度为70%，液固比为44∶1，提取时间45min，原料粒径50目，提取次数3次。根据这一优化条件分别进行5次平行实验，染料木素和芹菜素的平均提取率分别为0.418mg/g和0.118mg/g，其RSD分别为：1.06%和1.53%。

6.4.4　扫描电镜观察结果

　　本研究利用扫描电镜来观察不同提取方法提取后的木豆根样品在形态学上的变化及不同，使我们更好地理解提取机制。

　　图6-8A~E分别是对照样品、浸泡提取、热回流提取、超声提取和负压空化提取后木豆根样品的扫描电镜图。从图6-8B可以看出，在浸泡提取过程中，木豆根样品表面显微结构只发生轻度破坏，这是因为浸泡提取主要靠溶剂的扩散作用和化合物的溶解性来提取目标成分。因此，浸泡提取需要较多的溶剂和较长的提取时间。从图6-8C可以看出，热回流提取后，样品表面的破坏程度比浸泡提取明显，这是因为

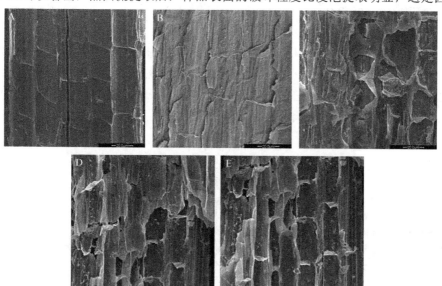

图6-8　未处理样品（A）、浸泡提取（B）、热回流提取（C）、超声提取（D）和负压空化提取（E）后木豆根样品扫描电镜图

热回流提取时，细胞内温度和压力急剧升高，使细胞内的化学物质快速向周围溶剂释放，从而较大程度地破坏了表面显微结构。从图6-8D、E可以看出，超声提取和负压空化提取的样品表面被破坏得十分严重，尤其是负压空化提取。超声产生的空化气泡可在固体表面释放极高的温度和压强，从而极大程度地破坏了固体表面，加上超声产生的机械振荡，可加快溶剂向细胞内的渗透和胞内物质向溶剂的释放。负压空化提取过程中，氮气的通入，使液-固体系中产生数以万计的微小气泡，增加了湍流效应、碰撞作用及液-固之间的扩散作用，强烈的空化作用可穿透固体表面，提高提取效率。

6.5　本章小结

本研究对木豆根中染料木素和芹菜素的提取条件进行了优化，考察了提取方法、提取溶剂、液固比、提取时间、负压压力、原料粒径和提取次数对提取率的影响，确定了最佳的提取工艺参数。

提取方法：负压空化提取

提取溶剂：体积分数为70%的乙醇溶液

原料粒径：50目

液固比：44∶1

提取时间：45min

负压压力：−0.05MPa

提取次数：3次

在上述优化的条件下对木豆根进行提取，染料木素和芹菜素的平均提取率分别为0.418mg/g和0.118mg/g，其RSD分别为1.06%和1.53%。4种提取方法提取后木豆根扫描电镜图的比较表明，负压空化提取和超声提取对样品表面结构的破坏强于浸泡提取和热回流提取。负压空化提取法对染料木素和芹菜素的提取率较高，提取时间短，提取温度低，效率高。

参 考 文 献

毕丽君, 李慧. 1999. 水芹中总黄酮类化合物最佳提取工艺研究. 食品科学, (12): 35-37.

冯育林, 谢平, 孙叶兵, 等. 2002. 中药提取工艺应用进展. 中药材, 25(12): 908-910.

郭孝武. 1999. 超声频率对提取大黄蒽醌成分的影响. 华西药学杂志, 14(2): 117-119.

李婷婷. 2014. 微波辅助低共熔溶剂提取黄芩中主要黄酮成分研究. 东北林业大学硕士学位论文.

卢艳花. 2005. 中药有效成分提取分离技术. 北京: 化学工业出版社.

潘有智. 2014. 降香叶中四种主要黄酮类成分的提取和富集分离工艺研究. 东北林业大学硕士学位论文.

秦梅颂. 2010. 超声提取技术在中药中的研究进展. 安徽农学通报(上半月刊), (13): 54-55.

魏薇. 2013. 负压空化辅助双水相提取富集木豆叶中四种主要成分工艺研究. 东北林业大学硕士学位论文.

杨再, 陈佳铭, 黄晓兰, 等. 2006. 天然植物有效成分的提取新技术——微波辅助提取技术. 饲料博览, (5): 27-29.

周婷, 王家玥, 肖小华, 等. 2009. 天然产物样品前处理分离分析联用技术研究进展. 世界科学技术(中医药现代化), (01): 147-152.

祖元刚, 刘莉娜, 薛艳华, 等. 2007. 负压空化法提取虾青素. 东北林业大学学报, 35(2): 59-60.

Cláudio AFM, Ferreira AM, Freire MG, et al. 2013. Enhanced extraction of caffeine from guarana seeds using aqueous solutions of ionic liquids. Green Chemistry, 15(7): 2002-2010.

Deng J, Xu Z, Xiang C, et al. 2017. Comparative evaluation of maceration and ultrasonic-assisted extraction of phenolic compounds from fresh olives. Ultrason Sonochem, 37: 328-334.

Karabegović IT, Stojičević SS, Veličković DT, et al. 2013. Optimization of microwave-assisted extraction and characterization of phenolic compounds in cherry laurel (*Prunus laurocerasus*) leaves. Separation and Purification Technology, 120: 429-436

Kong Y, Wei ZF, Fu YJ, et al. 2011. Negative-pressure cavitation extraction of cajaninstilbene acid and pinostrobin from pigeon pea [*Cajanus cajan* (L.) Millsp.] leaves and evaluation of antioxidant activity. Food Chemistry, 128(3): 596-605.

Kudo T, Sekiguchi K, Sankoda K, et al. 2017. Effect of ultrasonic frequency on size distributions of nanosized mist generated by ultrasonic atomization. Ultrason Sonochem, 37: 16-22.

Xu WJ, Zhai JW, Cui Q, et al. 2016. Ultra-turrax based ultrasound-assisted extraction of five organic acids from honeysuckle (*Lonicera japonica* Thunb.) and optimization of extraction process. Sep Purif Technol, 166: 73-82.

Yan MM, Chen CY, Zhao BS, et al. 2010. Enhanced extraction of astragalosides from Radix Astragali by negative pressure cavitation accelerated enzyme pretreatment. Bioresource Technology, 101(19): 7462-7471.

Yao XH, Zhang DY, Luo M, et al. 2015. Negative pressure cavitation-microwave assisted preparation of extract of *Pyrola incarnata* Fisch. rich in hyperin, 2'-*O*-galloylhyperin and chimaphilin and evaluation of its antioxidant activity. Food Chemistry, 169: 270-276.

Yolmeh M, Habibi Najafi MB, Farhoosh R. 2014. Optimisation of ultrasound-assisted extraction of natural pigment from annatto seeds by response surface methodology (RSM). Food Chem, 155: 319-324.

Zhang DY, Zu YG, Fu YJ, et al. 2011. Negative pressure cavitation extraction and antioxidant activity of biochanin A and genistein from the leaves of *Dalbergia odorifera* T. Chen. Separation and Purification Technology, 83: 91-99.

Zhang L, Zhou C, Wang B, 2017. Study of ultrasonic cavitation during extraction of the peanut oil at varying frequencies. Ultrason Sonochem, 37: 106-113.

Zhao BS, Fu YJ, Wang W, et al. 2011. Enhanced extraction of isoflavonoids from Radix Astragali by incubation pretreatment combined with negative pressure cavitation and its antioxidant activity. Innovative Food Science & Emerging Technologies, 12(4): 577-585.

第7章 木豆资源高效加工利用中试工艺

7.1 引　　言

在前期小试实验优化工艺条件的基础上，本研究以木豆为原料进行中试放大实验进行验证，为工业生产提供工艺参数。

7.2 负压空化提取木豆中主要活性成分的中试工艺

7.2.1 实验材料和仪器

实验材料和仪器见表7-1。

表7-1　材料和仪器

名称	规格或型号	生产厂家
乙醇	含量95%	哈尔滨酿酒厂
蒸馏水		自制
甲醇	含量98%	哈尔滨联合化工有限公司
固液萃取罐		自制
渗漉液接受罐		自制
负压成膜浓缩设备		自制
液液萃取柱		自制
高速离心机	22R型	德国Heraeus Sepatech公司
高效液相色谱仪	Waters 600	美国Waters公司
Waters Delta 600泵	UV1575	美国Waters公司
台秤		上海宝山计量厂一分厂
电子天平	AB104型	瑞士Mettler-Toledo公司
烘干箱	WK891型	重庆四达实验仪器厂
Luna C18色谱柱	5μm，内径250mm×4.6mm	美国Phenomenex公司

负压空化混悬固液萃取设备结构（祖元刚等，2003a）如图7-1所示。

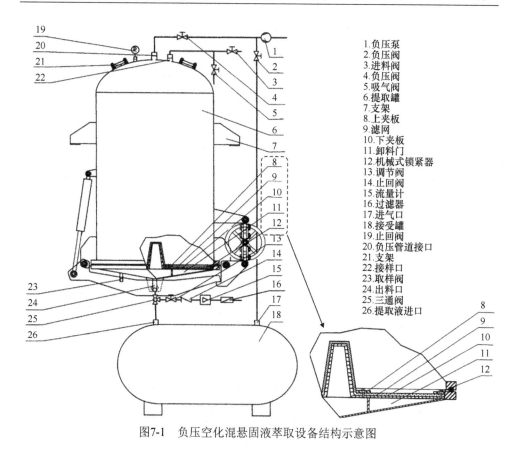

1.负压泵
2.负压阀
3.进料阀
4.负压阀
5.吸气阀
6.提取罐
7.支架
8.上夹板
9.滤网
10.下夹板
11.卸料门
12.机械式锁紧器
13.调节阀
14.止回阀
15.流量计
16.过滤器
17.进气口
18.接受罐
19.止回阀
20.负压管道接口
21.支架
22.接样阀
23.取样阀
24.出料口
25.三通阀
26.提取液进口

图7-1 负压空化混悬固液萃取设备结构示意图

本设备属于一种工业化植物药固液萃取分离装置，特别涉及一种负压空化效应、快速传质的空化混悬固液萃取分离装置。现有工业化植物药固液萃取分离装置主要由罐体、夹层、搅拌器、滤网、接管、传统的快开式加料门及气缸控制式卸料门等组成。均采用蒸煮、机械搅拌和自然渗滤等方法，其不足之处在于：结构复杂、消耗能量大、溶剂用量多、传质速度慢、萃取分离周期长、萃取率低、废渣中溶剂残留多等。本设备优点在于克服上述不足之处，提供一种结构简单、快速传质、快速分离、萃取率达95%以上、废渣中溶剂残留在5%以下的负压空化混悬固液萃取分离装置。

为了达到上述目的，本研究所用负压空化混悬固液萃取设备采取的技术方案是：提取罐顶部的椭圆封头顶端设有负压管道接口，上半部设有支架，提取罐底部的卸料门内设有带筛孔的托盘，其上设有由内压环、外压环固定的凸型滤网，卸料门底部一侧设有取样阀，中心位置设有三通阀，其下接口经管路与接受罐上的提取液进口相连，三通阀水平接口与调节阀相连，接受罐上的负压接口和提取罐顶部设置的负压接口分别经负压阀与负压泵相连。

负压空化混悬固液萃取设备具有以下优点：①快速传质、快速分离、萃取率可达95%以上、废渣中溶剂残留在5%以下；②提取溶剂使用较少，同时具有惰性气体保护功能，避免有效成分的氧化，更适用于热敏性物质的提取分离；③无污染、无噪声、低能耗、易操作、周期短。

负压成膜浓缩装置结构（祖元刚等，2004）如图7-2所示。

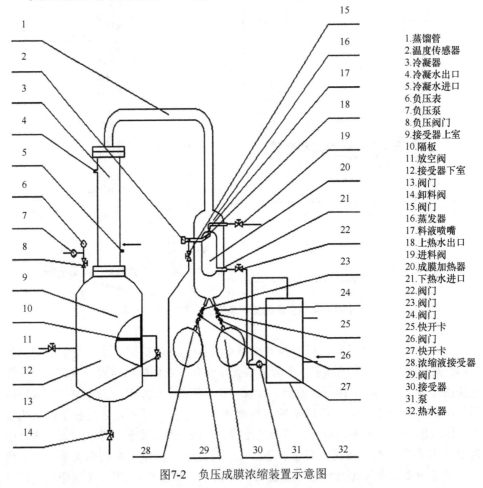

1. 蒸馏管
2. 温度传感器
3. 冷凝器
4. 冷凝水出口
5. 冷凝水进口
6. 负压表
7. 负压泵
8. 负压阀门
9. 接受器上室
10. 隔板
11. 放空阀
12. 接受器下室
13. 阀门
14. 卸料阀
15. 阀门
16. 蒸发器
17. 料液喷嘴
18. 上热水出口
19. 进料阀
20. 成膜加热器
21. 下热水进口
22. 阀门
23. 阀门
24. 阀门
25. 快开卡
26. 阀门
27. 快开卡
28. 浓缩液接受器
29. 阀门
30. 接受器
31. 泵
32. 热水器

图7-2　负压成膜浓缩装置示意图

浓缩操作作为化工的一种单元操作，已经在生物工程、制药工程行业得到了广泛的应用。浓缩装置可分为常压蒸馏和负压蒸馏两种。常压蒸馏溶剂蒸发温度高、速度慢，虽然负压蒸馏具有蒸发温度低、效率较高的优点，但料液受热时间长，不适合于热敏性物质的浓缩。旋转蒸发作为目前运用广泛的负压蒸馏装置，虽然可以进行成膜蒸发，但仍然存在料液受热时间长、蒸馏速度慢的缺点。本实用新型的目的在于克服上述不足之处，提供一种热介质和物料两相均做相向运动、料液迅速膜化、快速传热、受热时间短、蒸馏温度低的浓缩装置。

为了达到上述目的，本研究利用的负压成膜浓缩装置采用的技术方案是：蒸发器底部设有两对称阀门经快开卡、阀门与浓缩液接受器相连接，蒸发器内中部设有一成膜加热器，成膜加热器的下热水进口通过阀门、泵与热水器相连接，成膜加热器上热水出口经阀门与热水器相连，下热水出口还设有温度传感器，蒸发器内加热器上部设有与进料阀相连接的料液喷嘴，蒸发器顶部通过蒸馏管与带有冷凝水进口、冷凝水出口的冷凝器相连接，冷凝器下端与接受器上室相连接，接受器上室外设有经由负压阀门连接的负压泵和负压表，接受器上室和下室用隔板密闭连接，上室和下室通过阀门相通，下室上部一侧还设有放空阀，底部设有卸料阀。负压成膜浓缩装置具有以下优点：①料液在加热器表面迅速成膜，溶剂受热后瞬时挥发，蒸馏速度快，适合热敏性物料的浓缩，特别适合植物药提取液的浓缩；②热介质在加热器内自下而上流动，物料膜在加热器表面自上而下运动，热交换面积大且效率高；③浓缩液接受器可以在装置真空工作时通过阀门控制自由切换卸料，溶剂接受罐也可以在真空工作时通过上室与下室连接阀门控制自由切换卸料，实现连续生产。

负压空化混悬液液萃取设备结构（祖元刚等，2003b）如图7-3所示。目前液液萃取分离设备有静态平衡式、逆流萃取式和生态微分萃取式等，都不同程度存在设备结构复杂、消耗能量大、溶剂用量多、流程长、传质速度慢、萃取率低等缺点。本设备设计目的在于克服上述不足之处，提供一种结构简单、快速传质、快速分离、萃取率达95%以上的空化混悬液液萃取分离装置。

为达到上述目的，本研究使用的负压空化混悬液液萃取设备技术方案是：柱体上部为椭圆状，下部为锥形的封头上分别有管道视镜和三通阀门，三通阀门的进气口设有带筛孔的匀气板。柱体中部安装有支架和对称的视镜，还设有出液口，柱体上部装配有与进液阀和吸气阀相接的进液接口。因而该负压空化混悬液液萃取设备具有以下优点：①快速传质、快速分离、萃取率可达95%以上；②可用不同比重的溶剂萃取分离，萃取溶剂使用量少，同时具有惰性气体保护功能，避免有效成分的氧化，更适用于热敏性物质的萃取分离；③无污染、无噪声、低能耗、易操作。

7.2.2 中试工艺条件

利用负压空化混悬固液萃取设备将木豆叶进行负压空化混悬固液提取，提取液为80%乙醇。用80%乙醇负压空化提取1h后，过滤，所得滤渣继续通过负压空化提取，重复4次后，滤渣A部分废弃，合并4次负压空化提取滤液得滤液A。

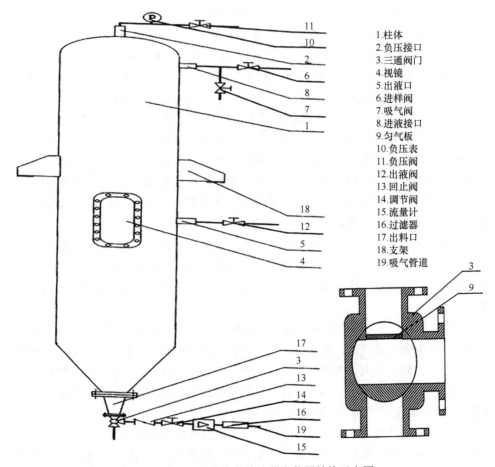

1.柱体
2.负压接口
3.三通阀门
4.视镜
5.出液口
6.进样阀
7.吸气阀
8.进液接口
9.匀气板
10.负压表
11.负压阀
12.出液阀
13.回止阀
14.调节阀
15.流量计
16.过滤器
17.出料口
18.支架
19.吸气管道

图 7-3　负压空化混悬液液萃取装置结构示意图

　　将负压空化混悬固液萃取所得的滤液A中的乙醇相采用负压成膜浓缩设备进行回收。负压成膜浓缩工艺流程为：打开热水管路阀门，开启循环泵，使热水开始循环，通过温度传感器控制热水温度在45~50℃，当成膜加热器温度达到预定值时，开启负压泵，打开负压阀门，使设备内负压达到-0.06MPa后，开启进料阀，使滤液A经喷嘴在成膜加热器外表面迅速下流成膜，使蒸发溶剂迅速蒸发至冷凝器，冷凝后流入溶剂接受器下室，未蒸发料液顺成膜加热器表面下流至浓缩液接受器中，当溶剂接受器下室充满后打开放空阀，卸去负压，打开卸料阀，将乙醇从卸料阀排出，回收乙醇后得膏状物。

　　将乙醇回收后所得膏状物风干后加入甲醇溶解，并取1mL做HPLC检测，加入脱脂液，利用负压空化快速解析，静置12h后，粗分离黄酮类化合物得上清液B和滤渣B。将上清液B浓缩至1/4体积后加入5倍体积水，利用负压空化液液解析30min后，静置、沉降，得上清液C和滤渣C。

7.2.3　结果与讨论

以80%乙醇为提取液，利用负压空化混悬固液提取木豆叶，重复4次后，共得滤液317kg。

负压空化混悬固液萃取过程加入的乙醇总量为324kg，负压空化混悬固液萃取过程乙醇的损失为7kg，损失率2%，进入负压成膜浓缩的乙醇为317kg，经负压成膜对滤液A浓缩后回收乙醇289kg，回收率91%，回收乙醇后得膏状物，将膏状物干燥后得固体2.3kg。将乙醇回收后所得膏状物加入34kg甲醇溶解后，加入38kg脱脂液，利用负压空化快速解析技术对脱脂液进行粗分离，得上清液B 68kg和滤渣B 0.15kg。

将上清液B浓缩至1/4体积后加入5倍体积水，利用负压空化液液解析30min后，静置、沉降，得上清液C 121kg和滤渣C 130g。其中球松素、木豆素含量分别为0.056%和0.3%，进一步用柱层析进行分离纯化。

7.3　大孔吸附树脂分离纯化木豆叶球松素和木豆素的中试工艺

7.3.1　实验材料和仪器

实验材料和仪器见表7-2。

表7-2　材料和仪器

名称	规格或型号	生产厂家
Waters 600高效液相色谱仪		美国Waters公司
Millennium 32系统软件		美国Waters公司
Waters 2996型二极管阵列检测器		美国Waters公司
Waters Delta 600泵		美国Waters公司
Luna C18色谱柱	5μm，内径250mm×4.6mm	美国Phenomenex公司
Milli-Q水纯化系统		美国Millipore公司
电子天平	AB104型	瑞士Mettler-Toledo公司
高速离心机	22R型	德国Heraeus Sepatech公司
旋转蒸发仪	RE-52AA	上海青浦沪西仪器厂
三用紫外分析仪	WFH-203	上海精科实业有限公司
乙酸乙酯	分析纯	北京化工厂
氯仿	分析纯	天津市化学试剂一厂
甲醇	色谱级	J&K公司

名称	规格或型号	生产厂家
甲酸	色谱级	美国Dima公司
无水乙醇	分析纯	哈尔滨化工试剂厂
微孔滤膜	孔径0.45μm	上海市新亚净化器厂
木豆叶	生药	海南省白沙黎族自治县

7.3.2　中试工艺条件

将负压空化快速解吸所得上清液C浓缩至体积的1/4后，再加入5倍体积蒸馏水，放置30min后，过滤得滤渣C 130kg，将滤液用于大孔吸附树脂分离。根据小试结果，选择大孔吸附树脂NKA-9作为球松素和木豆素的分离介质。

1. 树脂预处理

取6kg NKA-9大孔吸附树脂用无水乙醇浸泡24h后，再用无水乙醇反复洗涤，直至取1体积乙醇洗涤液加入3体积蒸馏水后溶液澄清，无白色絮状物质生成为止，再用蒸馏水洗涤大孔吸附树脂，直至没有醇味为止。将处理好的大孔吸附树脂放置在蒸馏水中保存，使用前取出，放置在滤纸上吸附大孔树脂表面水分后，称重后备用。

2. 球松素和木豆素的HPLC测定

色谱柱：Luna C18（5μm，内径250mm×4.6mm），流动相的比例为甲醇：水：甲酸= 78：21.9：0.1（$V/V/V$），流速：1.0mL/min，进样量：10μL，柱温：30℃，检测波长：288.8nm。在此条件下，球松素保留时间为7.83min，木豆素保留时间为10.79min。

3. 静态吸附与解吸

取预处理好的NKA-9大孔吸附树脂5kg，加入滤液F中，滤液中球松素和木豆素的浓度分别为0.206mg/mL和0.039mg/mL，搅拌吸附5h后，分别吸取1mL进行HPLC检测。当达到吸附平衡后，过滤，用蒸馏水冲洗大孔吸附树脂表面，然后加入10kg 30%乙醇和10kg 85%乙醇溶液进行解吸，解吸5次后，过滤，重复4次，合并4次解吸液，浓缩至干。

7.3.3　结果与讨论

将负压空化快速解吸所得上清液B浓缩至其体积1/4约20kg后，加入5倍体积蒸馏水100kg，放置30min后，过滤得滤渣C130kg，用于大孔吸附树脂分离。用30%乙醇洗脱除去杂质，85%乙醇溶液洗脱，并将洗脱液浓缩至干得球松素和木豆素的粗品。如图7-4所示，球松素和木豆素的粗品经HPLC检测，二者含量分别提高了8.05倍和3倍。

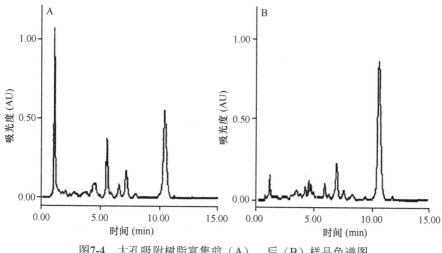

图7-4　大孔吸附树脂富集前（A）、后（B）样品色谱图

7.4　连续中压柱层析技术分离纯化木豆叶中球松素和木豆素的中试工艺

7.4.1　实验材料和仪器

实验材料和仪器见表7-3。

表7-3　材料和仪器

名称	规格或型号	生产厂家
高效液相色谱仪	Waters 600	美国Waters公司
系统软件	Millennium 32	美国Waters公司
二极管阵列检测器	Waters 2996型	美国Waters公司
泵	Waters Delta 600	美国Waters公司
Luna C18色谱柱	5μm，内径250mm×4.6mm	美国Phenomenex公司
水纯化系统	Milli-Q	美国Millipore公司
电子天平	AB104型	瑞士Mettler-Toledo公司
高速离心机	22R型	德国Heraeus Sepatech公司
负压空化提取装置		自制
旋转蒸发仪	RE-52AA	上海青浦沪西仪器厂

续表

名称	规格或型号	生产厂家
三用紫外分析仪	WFH-203	上海精科实业有限公司
正己烷	分析纯	天津光复精细化工研究所
乙酸乙酯	分析纯	北京化工厂
氯仿	分析纯	天津市化学试剂一厂
甲醇	色谱级	J&K公司
甲酸	色谱级	美国Dima公司
无水乙醇	分析纯	哈尔滨化工试剂厂
硅胶G	GF_{254}	浙江省台州路桥四甲生化塑料厂
硅胶	300~400目	青岛美高集团有限公司
微孔滤膜	孔径0.45μm	上海市新亚净化器厂
Bruker Ultra^{Shield} Plus 500MHz超导核磁共振波谱仪		瑞士Bruker公司

连续中压柱层析的设备组成有：层析柱、蠕动泵、物料液灌、洗脱液贮罐、平衡液贮罐、再生液贮罐、洗脱液灌、平衡液灌、再生液灌及连接管道的阀门，如图7-5所示。

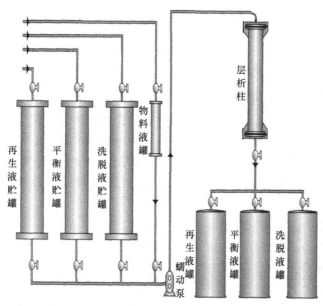

图7-5　连续中压柱层析设备示意图（彩图请扫封底二维码）

7.4.2　中试工艺条件

1. 连续中压正向柱层析中硅胶的预处理与硅胶柱的制备

取一定量的柱层析硅胶（300~400目）110~130℃恒温活化12h，取出置于洁净的干燥器中放置12h。取出硅胶置于烧杯中，加入适量石油醚（60~90℃）搅拌，超声脱气并搅拌均匀后缓慢地灌入层析柱中，使硅胶自然沉降，用3个柱体积的石油醚以使其充分的密实形成硅胶柱，密封后连接蠕动泵。

2. 连续中压正向柱层析样品的制备、上样与洗脱

将NKA-9树脂富集的粗品在减压浓缩状态下拌成干粉状，然后采用石油醚湿法将其加入层析柱中，使载有样品的硅胶在硅胶柱表面形成均匀的一层。先后以10~20BV石油醚、石油醚：三氯甲烷（10∶1）、三氯甲烷连续中压洗脱，收集洗脱液，每份1/40~1/20BV。TLC监测收集流分，合并相同部分，展开剂为石油醚：三氯甲烷=1∶10~15，紫外波长为254nm和360nm。依次得到球松素和木豆素溶液，低温析晶得到产品，重结晶后得到纯品。先后以13BV石油醚（60~90℃）、石油醚：三氯甲烷（10∶1）、三氯甲烷连续中压洗脱，调节压力与层析柱控制阀将流速控制为5.0mL/min。观察层析柱，当有组分流出时，每500mL收集一份洗脱液，用TLC及HPLC进行定性检测。合并成分相同的流分后减压再生洗脱液，再生的洗脱液继续平衡，层析柱循环使用，将检测得到含有球松素和木豆素的相同组分分别合并，减压浓缩至一定体积，有白色晶体析出，为球松素和木豆素粗品。

3. 连续中压反向柱层析中硅胶的预处理与硅胶柱的制备

为了获得高纯度球松素和木豆素产品，需要对正相硅胶柱层析得到的球松素和木豆素粗品进行反相柱层析纯化。

1）球松素和木豆素粗品的分析

为了确定洗脱条件，采用RP-HPLC分析，样品经80%甲醇超声、微热充分溶解、0.45μm微孔滤膜过滤制得。色谱条件：Waters 600高效液相色谱仪，Waters Delta 600泵，Waters 2996型二极管阵列检测器，Luna C18色谱柱（5μm，内径250mm×4.6mm），柱温35℃，波长259nm，流速2.0mL/min，进样量50μL，采用等度洗脱模式，所用流动相为：

①MeOH-H_2O-AcOH（70：29.7：0.3，*V/V/V*）

②MeOH-H_2O-AcOH（73：26.7：0.3，*V/V/V*）

③MeOH-H_2O-AcOH（76：23.7：0.3，*V/V/V*）

④MeOH-H_2O-AcOH（79：20.7：0.3，*V/V/V*）

⑤MeOH-H_2O-AcOH（80：19.9：0.1，*V/V/V*）

在样品无残留的情况下，其中流动相体系③分离度最大。故根据③的比例设定反相硅胶中压柱层析为分离的流动相。

2）RP-ODS-C18中压硅胶柱层析

取RP-ODS-C18硅胶按照说明处理后，用甲醇湿法装柱，在装柱子的过程中轻轻打柱子外壁，以排出气泡，依次用MeOH-H_2O溶剂体系饱和色谱柱，按照极性由小到大梯度的甲醇平衡和清洗色谱柱，使其初始极性为70% MeOH-H_2O。

将经正相硅胶柱层析后得到的球松素和木豆素粗品用流动相体系③超声微热助溶，0.45μm微孔滤膜过滤后，沿色谱柱内壁均匀滴加到柱表面，用上述流动相体系③进行等度洗脱，调节压力泵喷气速度与柱子调节阀，使流速为15mL/min，每500毫升收集一个流分，同时用紫外检测，不同色带分开收集，回收溶剂并超低温冷冻干燥。

4. 结晶和重结晶

将通过柱层析所得的球松素和木豆素溶于甲醇中，静置、析晶，得白色晶体，于室温（25℃）下真空避光干燥24h，再用三氯甲烷：石油醚（1：3，*V/V*）体系进行重结晶。

5. 结构确定

本研究利用质谱仪、紫外检测器和核磁共振仪获得化合物的相应光谱，然后将这些光谱与已报道的球松素和木豆素光谱数据进行比较，最终确定化合物的结构。

7.4.3　结果与讨论

1. 正相中压硅胶柱层析

将正相中压硅胶柱层析所得的富含球松素和木豆素的组分经减压浓缩后，析出的晶体经低温冷冻干燥得到纯度为27.1%的球松素和50.19%的木豆素粗品，回收率分别为79.1%和73.35%。样品HPLC色谱图见图7-6。

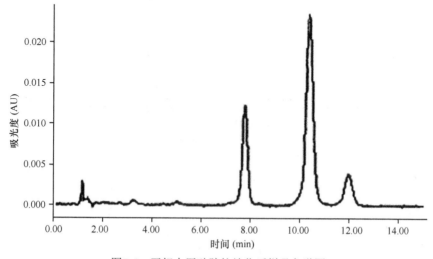

图7-6　正相中压硅胶柱纯化后样品色谱图

此时样品中的杂质多为与球松素和木豆素性质相似、结构和极性相近甚至是同分异构体等物质，再依靠单纯的正相柱层析很难将其分开。采用反相中压硅胶柱层析有可能解决这一问题。

2. 反相中压硅胶柱层析

利用反相中压硅胶柱层析技术对粗品进行纯化的过程中，首先采用RP-HPLC分析确定流动相比例。在本研究优化的流动相比例中，在样品无残留的前提下流动相体系采用③MeOH-H_2O-AcOH（76∶23.7∶0.3，*V/V/V*）时分离度最大，因此，选择此比例作为反相硅胶柱层析的流动相，所得产物纯度可达80%~90%。

3. 结晶和重结晶

样品经过正相、反相中压硅胶柱层析，球松素和木豆素的纯度已经有了很大提高，但如果要用于结构鉴定等工作，其纯度还有待于提高。本研究选用结晶和重结晶的方法来进一步提高球松素和木豆素的纯度。结晶的溶剂为甲醇，重结晶的溶剂为三氯甲烷-石油醚（1∶3，*V/V*）。

结果表明，经过甲醇热溶解、室温静置、析晶，可得白色晶体，HPLC检测表明球松素和木豆素纯度分别为85%和90%。为了获得更高纯度的产品，用三氯甲烷：石油醚（1：3，*V/V*）体系进行多次重结晶，可得纯度均大于93%的球松素和木豆素单体产品（图7-7）。回收率为62.82%。

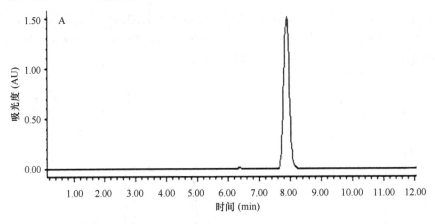

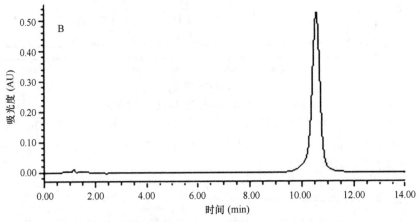

图7-7　纯化后球松素（A）和木豆素（B）的色谱图

4. 结构的确认

对于工艺生产中初次得到的目标产品，需要进行结构确认以验证并确保产品的可靠性。具体操作结果如下。

1）球松素

（1）质谱。

在正离子扫描模式下，得到的分子离子峰*m/z* 271.5[M-H]$^+$（图7-8A）。二级质谱析（碰撞能量为30*e*V）产生的主要碎片离子有两种：*m/z* 167.1和*m/z* 130.9（图7-8B）。

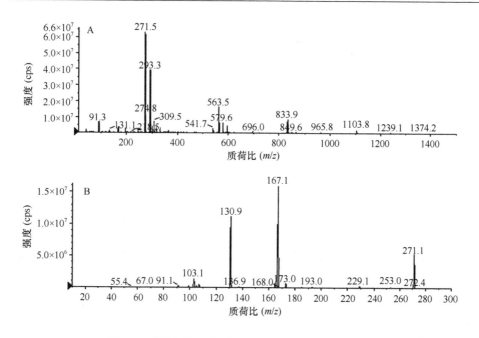

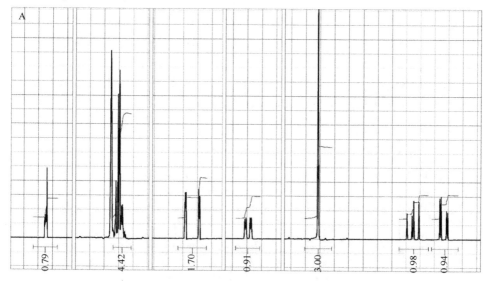

图7-8　球松素的ESI$^+$一级（A）和二级（B）质谱图

（2）核磁共振谱。

图7-9上述波谱数据与文献报道的球松素基本一致，因此可确认该化合物为球松素（Cuong et al.，1996；陈迪华等，1985）。

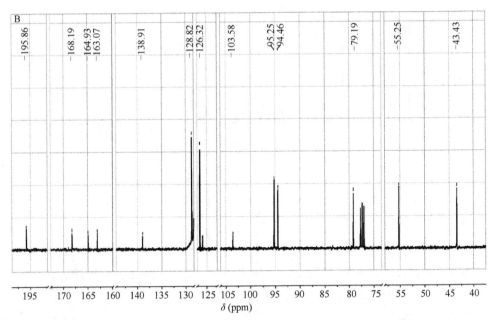

图7-9 球松素的¹H-NMR谱（500MHz, MeOD）（A）和¹³C-NMR谱（125MHz, MeOD）（B）

2）木豆素

（1）通过电喷雾电离串联质谱（electrospray ionization-tandem mass spectrometry，ESI-MS-MS）在负离子扫描模式下（图7-10A），得到分子离子峰m/z 337[M-H]¯。当设定仪器的碰撞诱导解离（collision-induced dissociation，CID）为$-20eV$时，通过二级质谱分析获得的主要碎片离子的m/z峰的丰度相当强（图7-10B）。

（2）¹H-NMR和¹³C-NMR谱图结果见图7-11。该数据与文献对比，可以认定为木豆素（孙绍美和宋玉梅，1995；Cooksey et al.，1980）。

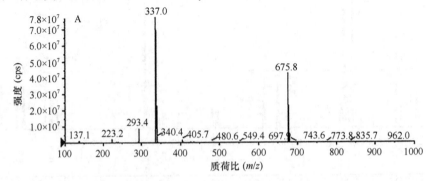

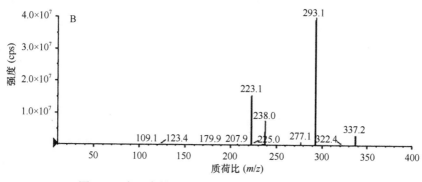

图7-10　木豆素的ESI 一级（A）和二级（B）质谱图

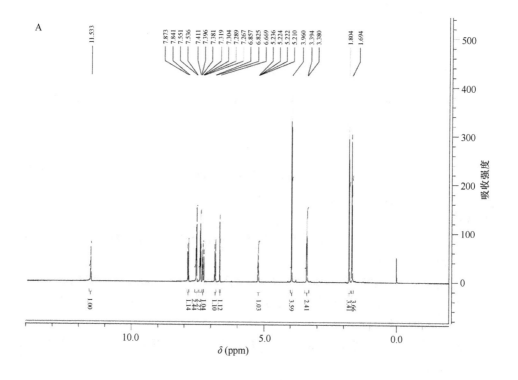

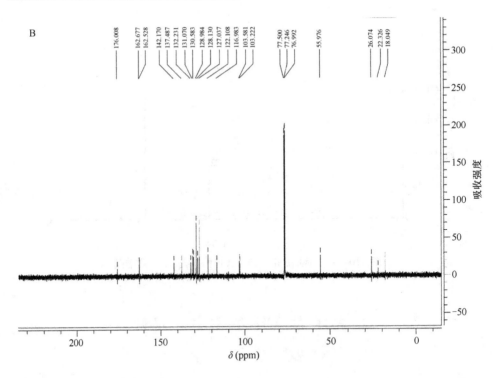

图7-11　木豆素的^{1}H-NMR谱（A）（500MHz, CDCl$_{3}$）和^{13}C-NMR谱（B）（125MHz, CDCl$_{3}$）

7.5　本 章 小 结

确定了正相中压硅胶柱层析条件：300~400目硅胶；以石油醚：三氯甲烷（10：1，V/V）为洗脱液；梯度洗脱流速为：5.0mL/min。在柱层析过程中，利用TLC跟踪检测。

确定了反相中压硅胶柱层析条件：ODS-A反相填料；洗脱剂为甲醇：水：甲酸（76.5：23.2：0.3，$V/V/V$）。

结晶溶剂为甲醇，微热溶解，室温静置、析晶，得球松素和木豆素白色结晶，纯度为85%和90%。用三氯甲烷：石油醚（1：3，V/V）体系进行多次重结晶，得纯度均大于93%的单体产品。

通过理化性质反应结合ESI-MS-MS与^{1}H-NMR和^{13}C-NMR，确定所得产品为目标化合物。

参 考 文 献

陈迪华, 李慧颖, 林慧. 1985. 木豆叶化学成分研究. 中草药, 16 (10): 432-437.
孙绍美, 宋玉梅. 1995. 木豆素制剂药理作用研究. 中草药, 26(3): 147-148.

祖元刚, 祖柏实, 史权, 等, 2003a. 负压空化混悬固液萃取分离装置. CN03211143.6.

祖元刚, 祖柏实, 史权, 等. 2003b. 空化混悬液液萃取分离装置. CN03210970.9.

祖元刚, 祖柏实, 史权, 等, 2004. 负压成膜浓缩装置. CN200420063621.6.

Cooksey CJ, Dahiya JS, Garratt PJ, et al. 1980. Two novel stilbene-2-carboxylic acid phytoalexins from *Cajanus cajan*. Phytochemistry, 21(12): 2935-2938.

Cuong NM, Sung TV, Kamperdick C, et al. 1996. Flavanoids from *Carya tonkinensis*. Pharmazie, 51: 128.